Excelによる
データ分析入門

前田一貴・平井裕久・後藤晃範

学術研究出版

本書に掲載されている会社名・製品名は一般に各社の登録商標または商標です．

はしがき

　本書は，経済・経営を学ぶために少なくとも必要となるデータ分析の基礎について，文系出身の学生にも理解しやすいように書かれています．基礎的な内容について出来るだけ平易な説明を行い，Excel の利用により演習形式で理解を深められるようにしています．したがって，独学を考えている学生や社会人の利用はもちろん，Excel を用いたデータ分析の演習講義でのテキストとしても利用できます．

　昨今，"ビッグデータ"という言葉が紙面などを賑わせています．世の中には，様々な種類で膨大な量のデータが溢れ，そのデータをどうやって収集，分析し，どのように利用するのか．これに応えるために，データ分析の知識が必要となる場面は増えています．その中でも，経済学や経営学では特にデータ分析による考察の重要性は高まっています．

　本書は，まず「第 1 部　イントロダクション」で，データ分析をおこなう際の Excel の基本的な操作方法を説明しています．「第 2 部　記述統計」では，データの傾向を掴むために，データをグラフなどで視覚的に表し，その特性についてデータの中心（平均）と広がり（分散）により把握します．またデータ間の相関関係についても説明します．「第 3 部　推測統計」では，データの因果関係から回帰分析をおこないます．また仮説をデータにより裏付ける仮説検定についても説明します．「第 4 部　総合演習」では，「第 2 部　記述統計」と「第 3 部　推測統計」のそれぞれに対応した総合演習問題を挙げています．これらの演習問題からデータ分析の意味を知り，利用出来るスキルを修得することで，少しでもデータ分析に興味を持つきっかけになることを願っています．

　本書の執筆にあたり，学術研究出版の皆様に深く感謝申し上げます．特に，出版に係る細かい手続きにご協力頂きました湯川祥史郎氏には，心より感謝の意を表します．

2015 年 2 月吉日　　　　　　　　　　　　　　　　　　　　　　著　者

本書の使い方

　本書は，社会科学系の大学生を主な読者とし，半期の授業（演習・講義）のテキストとして使用することを想定していますが，自習書として用いることもできます．授業の進行に合わせて演習を行いますので，Excel が利用できるコンピュータ環境を準備して下さい．なお，本書では Excel 2013 を使用しています．次のソフトウェアでは細かい操作方法や関数名が異なることがあります．

- Excel 2010 などの古いバージョン，将来のバージョン，もしくはオンラインバージョン
- LibreOffice や Google Docs などの Excel 以外の表計算ソフトウェア

しかし，ソフトウェアや時代が変わっても基本となる考え方は変わりません．本書では，Excel の操作方法を覚えることだけでなく，データ分析（統計処理）の考え方を習得することで，どのような環境でも臨機応変に対応できる力を身につけてほしいと思います．

　本書のサポートページの URL は次の通りです．このページから正誤表の入手や演習用ファイルのダウンロードができます．

　サポートページ　http://kmaeda.net/kmaeda/books/ida/

目　次

はしがき　　iii

本書の使い方　　v

第 1 部　イントロダクション　　1

第 1 回　Excel によるデータ分析　　3
1.1　データ分析とは　　3
1.2　Excel を使ってみよう　　5

第 2 部　記述統計　　13

第 2 回　度数分布表とヒストグラム　　15
2.1　度数分布表　　15
2.2　ヒストグラム　　18
2.3　インターネットから取得できる統計データ　　20
[補足]　もっと簡単に度数分布表を作るには？　　22

第 3 回　円グラフと折れ線グラフ　　25
3.1　円グラフ　　25
3.2　折れ線グラフ　　28
[補足]　CSV 形式　　30

第 4 回　データの中心と広がり (1)　　31
4.1　データの中心を表す代表値　　31

4.2	データの広がりを表す代表値	34
補足	なぜ標準偏差の定義は複雑なのか？	40

第5回 データの中心と広がり (2) 41

5.1	四分位範囲	41
5.2	箱ひげ図	43
5.3	標準化変量	44
補足	確率密度関数と正規分布	47

第6回 散布図と相関関係 51

6.1	散布図	51
6.2	相関と相関係数	53

第3部 推測統計 57

第7回 回帰分析 59

7.1	単回帰分析	59
7.2	最小二乗法と正規方程式	60
7.3	決定係数と標準誤差	64

第8回 標本調査と区間推定 67

8.1	全数調査と標本調査	67
8.2	母集団と標本	68
8.3	区間推定と信頼区間	71

第9回 仮説検定 77

9.1	仮説検定	77
9.2	帰無仮説と対立仮説	78
9.3	有意水準	79
9.4	検定の手順	79
補足	二重否定の論理	83

第 10 回	χ^2 検定	85
10.1	分散に関する検定	85
10.2	独立性検定	87
10.3	適合度検定	91
補足	p 値を用いた検定	94
第 11 回	t 検定	97
11.1	区間推定と仮説検定	97
11.2	母平均の差の検定	99
補足	分析ツール	103

第 4 部　総合演習　　105

第 12 回	演習：記述統計	107
第 13 回	演習：推測統計	109
補足	統計処理ソフトウェア R	111

索　引　　113

第 1 部
イントロダクション

第1回 Excelによるデータ分析

本書の目標は，統計学の理論学習が主ではなく

　　　Excelを使ったデータ分析（統計処理）ができるようになること

です．この目標の達成のために，Excelでの演習を中心として進めていきます．

≫ 第1回の目標
- 「データ分析」とは何かを理解する．
- Excelの操作に慣れる．

1.1 データ分析とは

　普段の生活をしていると，様々なデータを目にすることがあります．例えば，テレビのニュースでは世論調査の結果や経済指標などの統計データがグラフで派手に表示されます．社会に出れば，企業の経営に関するデータを目にすることもあるでしょう．また，卒業研究でアンケート調査をすることがあれば，そうして得られた結果も立派なデータです．本書では，このようなデータをコンピュータを使って分析するための手法を学びます．

　「データ分析」を学ぶことによって，具体的に何ができるようになるのでしょうか．これには大きく2つあります．状況の把握と推測です．統計学の分野では，それぞれ記述統計と推測統計に対応しています．

記述統計：収集したデータの統計量を計算したり，グラフとして可視化することで，データの持つ性質をわかりやすく表現する．
推測統計：部分的なデータから全体の性質について推測する．

本書では，第 2 部で記述統計を，第 3 部で推測統計を，実際に手を動かしながら学び，最後に総合的な演習を行うことでデータ分析手法を確実に身に付けることを目標とします．身に付けた手法は，例えば卒業研究で調査を行い，その結果から何らかの主張をしたいときに，主張の根拠を与えるために活用できます．

統計学の理論については，特に後半の推測統計で高度な数学が必要となるため詳しくは説明しませんが，統計量や推測結果の意味についてはエッセンスに絞って解説します．統計学は使い方を間違えると事実とは異なる結論が導かれることがあるので，注意が必要です．

まずは導入として，統計学にまつわる事例を 2 つ挙げてみましょう．

>>> 例 1　平均値という統計量はニュースなどでよく目にするし，「数値データの総和をとってデータ数で割ることで得られる値」だということも知っているでしょう．

$$(平均値) = \frac{(データの総和)}{(データ数)}$$

データの平均値を求めることは記述統計の最も代表的な計算です．平均値が求まれば，その平均値の周辺に各データの値が存在していることがわかりますが，平均値から各データがどれぐらい離れているかという分布については何もわからないことに注意が必要です．

今，ある小学 5 年生 10 人の財布の中身を調査したところ，その平均値は 20,900 円だったとしましょう．これを聞いて，今時の小学生は皆 2 万円ほど持っているのか，と考えたくなるかもしれませんが，その中の 1 人だけが 200,000 円持っていて，残りの 9 人が 1,000 円ずつしか持っていなかったとしても平均は 20,900 円となります．

$$\frac{200{,}000 + 1{,}000 \times 9}{10} = 20{,}900$$

このように，平均値だけから全体のことを推測するのは必ずしも正しくありません（極端に分布が偏っている場合には，平均値の代わりに中央値を用いるとよい）．

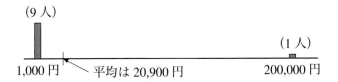

>>> 例2 推測統計の基本は標本調査です．例えば，世論調査では無作為に選んだ少数の国民から，国民全体の意識を推測します．無作為に抽出することで，全てを調べなくても全体について推測することが可能になります．さらに，自分の主張に対して，調査結果を基にした正当性を与えることもできます．

　例えば，食品会社でレトルトカレーの企画開発の担当者として，味の異なる2種類の試作品AとBを開発したとしましょう．実際に売り出すのは生産設備の都合上どちらか1つだけです．そのために街頭で試食会を開いて100人にそれぞれの試作品の評価を10点満点でつけてもらいます．各試作品の点数の平均値を求めてみたところ，AがBを1.3点上回ったとすると，実際に売り出してもAの方がBよりも評価が高くなると考えてもよいでしょうか．

　1.3点の差がついたというのは今回の試食会に参加した100人の結果なので，この差がたまたま生じたものなのか，全体で差があるのかをしっかり考えなければ，安易にAの評価の方が高いと主張することはできません．もしかしたら別の100人ではBの方の評価が高くなるかもしれません．このような問題に対して回答を与える理論的な枠組みが仮説検定と呼ばれるものです．

1.2　Excelを使ってみよう

　データ分析の計算では大量のデータを扱うことが多いため，コンピュータに計算させることが一般的です．統計処理を行うソフトウェアには様々なものがありますが，本書では最も一般的である表計算ソフトウェアExcelを用います．ここでは，Excelの操作に慣れましょう．

　パソコンの電源を入れて，Excelを起動して下さい．基本事項に関する説明と簡単な演習を行います．

≫ **コンピュータの扱いを学ぶうえでの心構え**　操作によってはシステムや重要なファイルを破損するなどの危険性もありますが，Excel を操作している程度ではそのようなことはまずありません（せいぜい個人の重要なファイルを誤って上書きしてしまう程度）．習うより慣れろの精神で，とにかく色々試してみましょう．コンピュータについては，最初から詳しい説明を聞くよりも，具体的な問題と格闘し一度苦しんで（もしくは楽しんで）から説明を聞いた方が理解しやすいでしょう．

≫ **ワークシートとセル**　Excel を起動すると画面に現れる長方形が並んだ画面のことを**ワークシート**といいます．一つのファイル（Excel ではブックと呼ぶ）には複数のワークシートを保持することができ，必要に応じて切り替えたり，相互に参照したりすることができます．ワークシートに並んでいる一つ一つの長方形のことを**セル**といいます．各列にアルファベット，各行に整数が割り振られていて，これに基づいて各セルには，例えば B 列の 2 行目には B2 といった番地が振られています．このセル番地は，色々な計算をするときにセルの値を参照するために用いられます．

≫ **式の評価**　セルが選択された状態でキーボードのキーを押すと，文字を入力することができます（通常は Enter で確定すると，入力したものがそのセルで指定された書式に従って表示されます）．また，半角の「=」から入力を始め

ると「=」に続く式が評価（計算）され，その結果がセルに表示されます（これをそのセルの値といいます）．式は，主に数値，セル参照と四則演算[*1]「+」「−」「*」「/」，ベキ乗「^」，および括弧「()」で構成され，電卓とは異なり式が数学の演算順序に従って計算されます．例えば，セル B2 が

　　　=1*2

ならば 2 となります．同様に

　　　=1+2*3

ならば 7,

　　　=(1+2)*3

ならば 9 となります．

演習 1.1

適当なセルに次の各式を入力して，何が表示されるか確かめて下さい（日本語入力モードをオフにすること）．

- 2+10
- =2+10
- =2-10
- =2*10
- =2/10
- =2^10
- =1+2*3
- =(1+2)*3

[*1] 記号 * はアスタリスクといい，コンピュータではかけ算 × の演算子の代用として用いられます．

≫ セルの参照　表計算で最も重要なのは，数値以外にもセル番地を指定できることです．例えば，セル C1 に

=A1+B1

と入力すれば A1 と B1 に入力された値を足し合わせた結果がセル C1 の値となります．こうしたセルの参照を用いて，Excel では各セルで入力データに対する何らかの計算を行い，またその結果を参照してさらに計算を行うといった，複雑な計算を行うことができます．

　なお，セル参照の指定はキーボードで入力する以外にマウスで選択することもできるので，状況に応じてうまく使い分けて下さい．

≫ 相対参照と絶対参照　Excel では，C1 に入力した =A1+B1 という式を 1 つ下の C2 にコピーすると =A2+B2 となり，参照のセル番地も 1 つ下にずれます．これは，通常のセルの参照が相対参照になっており，コンピュータの内部では「=A1+B1」は C1 から見て

=（2 つ左のセル）+（1 つ左のセル）

と認識されているためです．

　相対参照はコピーして同じ計算をさせたいときには便利な機能ですが，場合によっては参照がずれて欲しくないこともあります．このようなときに使うのが絶対参照です．絶対参照とは A1 というようにセル番地の列と行に「$」を前置したものです．この場合はコンピュータの内部でも A1 というセル番地として認識されているため，コピーしてもずれなくなります．$A1, A$1 のように，列，行のいずれかだけを絶対参照にすることもできます．「$」を手入力するのは面倒ですが，入力中のカーソルがセル番地の上にある状態で F4 キーを何度か押すことで，相対参照と絶対参照を切り替えることができます．

　セルの内容をコピーするときには，選択セルの右下にある小さな ■（フィル

ハンドル）をドラッグ[*2]すると便利です．

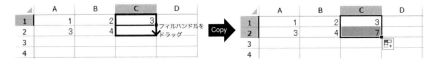

演習 1.2

A 列の 1 行目から 100 行目までに 1, 2, 3, . . . , 100 と入力して下さい．次に，B 列の各セルに，左側にある A 列の 2 倍の値をそれぞれ計算して下さい．

A 列の入力を簡単に行うには，A1 に 1，A2 に 2 と入力してから A1 から A2 までを選択し，選択セル右下にあるフィルハンドルを A100 までドラッグすれば 100 まで入力できます．

例えば，B3 セルには A3 セルに入力されている値の 2 倍，つまり 6 が表示されています．

[*2] マウスの左ボタンを押しながら目標の位置まで動かし，ボタンを放すこと．

演習 1.3

演習 1.2 と同様に A 列には 1 から 100 までを入力し，さらに D1 セルにあなたの好きな整数を入力して下さい．次に，B 列の各セルに左側にある A 列の値に D1 の値を足した値を計算して下さい．

D1 の値を別の好きな値に変更してもうまく再計算されるようにしなければなりません．演習 1.2 のようにフィルハンドルでコピーするとセルの参照 D1 がずれてうまくいかないので，絶対参照を使います．つまり，例えば B1 は =A1+D1 となります．

>>> 関数　Excel には四則演算の他に式の構成要素として使用することができる関数と呼ばれるものがあります．これは，いくつかの引数をとって，それに応じて何らかの値を返すものです．

例えば，MAX(引数 1, 引数 2, ...) は与えられた引数の中で最大の値を返す関数です．例えば

```
=MAX(1, 2)
```

ならば 2 となります．同様に最小値を返す MIN() という関数もあります．引数にはセル参照や範囲を指定することもできます．ここで範囲の指定方法は，

```
=MIN(B1:C6)
```

とすると，左上 B1，右下 C6 の長方形の範囲内が関数に渡され，これらのセルの中で最も小さな値が返ってきます．その他，よく使う関数として総和を計算する SUM() があります．

関数の引数にさらに関数を入れたり，関数から返ってきた値同士で演算を行ったりすることもできます．

演習 1.4

次の式の値を計算して下さい．

=MAX(1, MIN(2, 3))+MIN(4, 5)

演習 1.5

ドイツの Carl Friedrich Gauß (1777–1855) は偉大な数学者の 1 人に数えられる人物です．真偽のほどは不明ですが，彼は 10 歳のときに 81,297 から 198 ずつ増えていく 100 個の数の和を一瞬で求めたと伝えられています．その値を求めて下さい．

$$81{,}297 + 81{,}495 + 81{,}693 + \cdots + 100{,}701 + 100{,}899 = \ ?$$

演習 1.2 と同様の方法で等差数列は容易に生成できます．A1:A100 に等差数列の値を入力したら，あとは A101 セルで $\boxed{\Sigma\ \text{オート SUM}}$ を実行すれば総和が求まります．

その他の関数は，「関数の挿入」$\boxed{f_x}$ ボタンを押すと一覧が表示されます．この画面を経由すると詳しい引数の説明も出ますので，活用して下さい．

12　第 1 回　Excel によるデータ分析

≫　ファイルの保存　ファイルメニューから「名前をつけて保存」を選択し，場所（フォルダ名）とファイル名を指定すると保存されます．その後，Excel を終了し，保存したファイルを開き直して確認してみましょう．

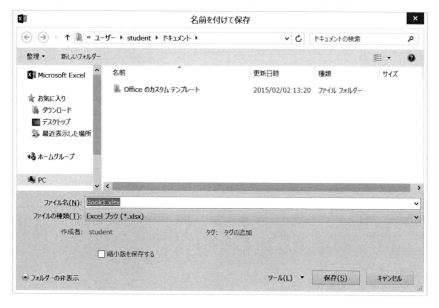

第 2 部
記述統計

第 2 回
度数分布表とヒストグラム

第 2 回から具体的なデータ分析の内容に入っていきます．

記述統計，つまりある程度の数のデータが与えられたときに，それを要約し，データ全体の傾向や特徴を把握するための手法を学んでいきます．

>>> 第 2 回の目標

- データから度数分布表とヒストグラムを作成できる．
- 様々な統計データに親しむ．

2.1 度数分布表

データ分析を始める前に，データを集める必要があります．本書ではデータの収集方法までは扱いませんので，実際のデータが与えられたところから始めましょう．これらのデータをそのまま見て，個々の「○○というデータがある」という以上の情報を得ることは通常困難です．

ここに，ある大学の 1 年生男子 100 人の身長のデータがあるとしましょう．このままではただ数字が 100 個並んでいるだけで，意味のある情報を読み取ることは難しいでしょう．そこで集計を考えます．つまり，身長を「170 cm 超, 172 cm 以下」のようにいくつかの範囲で区切って，各範囲に何人当てはまるかをまとめます．

> 演習 2.1
>
> サポートページ から data02.xlsx をダウンロードして下さい．ファイルは，大学 1 年生男子 100 人の身長のデータです．

16　第2回　度数分布表とヒストグラム

	A	B	C	D	E	F	G
1	通番	身長 [cm]					
2	1	170.8					
3	2	168.5		身長の最小値 [cm]:			
4	3	169.2		身長の最大値 [cm]:			
5	4	171.8					
6	5	185.4					
7	6	172.3		身長 [cm]	人数	相対度数	
8	7	184.9			158		
9	8	170.8			160		
10	9	163.2			162		
11	10	173.9			164		
12	11	166.5			166		
13	12	178.7			168		
14	13	168.6			170		
15	14	167.2			172		
16	15	158.9			174		
17	16	166.5			176		
18	17	176.4			178		
19	18	164.3			180		
20	19	170.0			182		
21	20	172.0			184		
22	21	165.3			186		
23	22	162.1		合計			
24	23	181.8					

B列にある身長のデータを集計するために，背景に色のついたセルに計算式を入れ，表を完成させて下さい．

1. まず，身長の最小値と最大値を求めます．最小値を求めるには，MIN()という関数を使います．
   - MIN(範囲)：範囲内にある数値の中で最小の値を求めます．

   同様に最大値は MAX() で求められます．最小値は E3，最大値は E4 に入力して下さい．

2. 最小値と最大値が求まったら，その間を適当な区間で分けて，各区間内に入る人数を求めます．ここでは 2 cm 刻みで分けることにします（既に区間を設定した表を準備しています）．例えば，表で 160 (E9) の「人数」には「158 cm 超，160 cm 以下」の人数を入力して下さい．この区間の幅のことを階級幅といいます．階級幅は狭すぎると元のデータとほとんど変わらなくなって意味がありませんし，広すぎるとどういう分布なの

かよくわからなくなってしまうので，適切に設定する必要があります．
　データが多い場合には数えるのが大変です．そこで，COUNTIFS()という便利な関数を使って数えます．

- COUNTIFS(範囲1, 条件1, 範囲2, 条件2, ...)：範囲内にある条件に全て合致するデータの数を数えます．

条件は複数指定可能なので，これを使って身長の範囲を指定します．例えば，「158 cm 超，160 cm 以下」の人数を求める時は，まず範囲1に身長データの範囲（B2:B101）を，条件1に ">158" と入力します．さらに，範囲2に範囲1と同じ身長データの範囲を入力し，条件2に "<=160" と入力します（<= は不等号の ≦ の意味．同様に，>= は ≧ の意味）．

3. 各階級の人数を数え終わったら，人数の合計を E23 にオート SUM で求めます（ここでは 100 になるはずです）．
4. 最後に相対度数，つまり各階級の人数が全体に占める割合を計算します．これは，各階級の人数を合計で割れば求まります．

これで度数分布表が完成です．このように集計すると，どれぐらいの身長の人が多いのかがわかります．

| 身長の最小値 [cm]: | 158.9 |
| 身長の最大値 [cm]: | 185.4 |

身長 [cm]	人数	相対度数
158	0	0
160	1	0.01
162	2	0.02
164	7	0.07
166	8	0.08
168	13	0.13
170	15	0.15
172	19	0.19
174	13	0.13
176	7	0.07
178	5	0.05
180	4	0.04
182	3	0.03
184	1	0.01
186	2	0.02
合計	100	1

2.2 ヒストグラム

集計した表の数値を視覚的に捉えやすくするためにはグラフを描くことが有効です．度数分布表を基にして，横軸を各階級，縦軸を度数として描いた棒グラフをヒストグラムといいます．

演習 2.2

演習 2.1 で作成した度数分布表からヒストグラムを描いて下さい．

1. E7:E22 の範囲を選択し，メニューの「挿入」から「グラフ」を選択して，縦棒グラフを挿入します．
2. 棒を右クリックして，「データ系列の書式設定」を選択し，「要素の間隔」を 0 に設定します．通常の棒グラフとは違って，連続データをいくつかに区切ったというイメージを表すために，連続データのヒストグラムでは棒と棒の間は空けないのが通常です．

2.2 ヒストグラム   19

3. さらに，横軸のラベルが「1, 2, 3, ...」のようになっている場合は，棒を右クリックして，「データの選択」を選び，「横（項目）軸ラベル」の「編集」ボタンを押します．「軸ラベルの範囲」に D8:D22 を指定して，OK を押します．

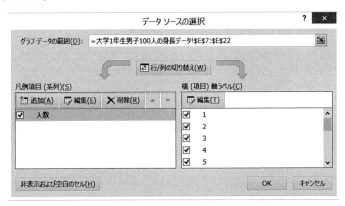

4. その他，グラフのタイトルや軸ラベルなどを適宜調整します．軸ラベルが表示されていない場合，グラフを選択すると右上に表示される + ボタンから追加できます．

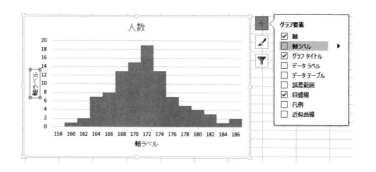

このヒストグラムのように，グラフを描くとデータ全体を目で見て把握しやすくなります．これをデータの可視化といいます．

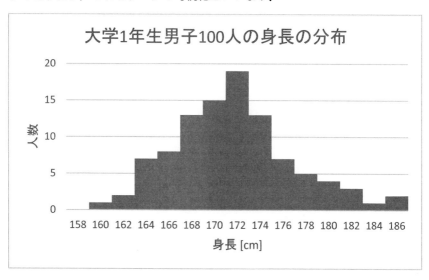

2.3 インターネットから取得できる統計データ

例えば，総務省統計局 (http://www.stat.go.jp/) は様々な統計データを公表しています．日本の人口についての統計は次の Web ページです（2015年1月現在）．

```
http://www.stat.go.jp/data/jinsui/
```

また，年代別の人口ピラミッドと将来の予測については，次の Web ページにあります．

```
http://www.stat.go.jp/data/kokusei/2010/kouhou/useful/
u01_z24.htm
```

出典：総務省統計局ホームページ
(http://www.stat.go.jp/data/kokusei/2010/kouhou/useful/u01_z19.htm)

この人口ピラミッドはまさにヒストグラムです．

　他にも様々な統計データが公開されているので，確認してみましょう．何か思わぬ発見があるかもしれません．

22　第2回　度数分布表とヒストグラム

> **補足**　もっと簡単に度数分布表を作るには？

　度数分布表の作成ですが，ここで説明した方法だと大変ですね．今後も何度か度数分布表を作ることになるのですが，これに手間取っていては時間の無駄です．ここでは，もう少し高度な方法を使って，もっと楽に度数分布表を作る方法をお教えします．

≫　**文字列連結演算子を使う方法**　COUNTIFS() 関数を使う場合，同じ内容を何度も入力しなければならなくなるので，コピーがしたくなると思います．しかし，範囲は絶対参照を使えばよいとして，条件は ">158" ならばコピーしても ">158" のままなので，結局自分で書き換えていかなければなりません．これを解決するのが，文字列連結演算子「&」です．data02.xlsx の D8 には 158 と入力してありますが，このときに ">"&D8 と入力すれば ">158" と同じ意味になります．これを1つ下にコピーすれば，D8 は相対参照なので1つずれて ">"&D9 となり，D9 には 160 と入力してあるので ">160" となります．このように，文字列連結演算子を利用すればオートフィルで一気に度数分布表を完成させることができます．

≫　**FREQUENCY() 関数を使う方法**　これでもまだ面倒で，もっと楽に度数分布表を作りたい，という人のためには FREQUENCY() という関数を使う方法があります．これは，そのものずばり度数分布表を作ってくれる関数なのですが，配列を返す関数であるため，使い方が少し特殊です．

- FREQUENCY(データ範囲, 階級列)：データを与えられた階級列の区切りで数えて，度数分布の配列を返します．

　FREQUENCY() 関数は次のようにして使います．

1. まず，度数分布表の各階級値を入力したい範囲を選択します．

補足　もっと簡単に度数分布表を作るには？

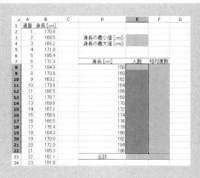

2. 範囲選択状態のまま FREQUENCY() 関数を入力します．

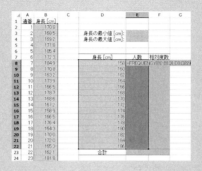

3. 最後に「Ctrl と Shift を押したまま」Enter を押して確定します．

これだけの作業で度数分布表が完成します．COUNTIFS() を使うのに比べるとずっと楽ですね．

第3回 円グラフと折れ線グラフ

>>> 第3回の目標

- 円グラフの特性を理解し,作成できる.
- 時系列データから折れ線グラフを作成できる.

3.1 円グラフ

全体に対して個々の割合がどれぐらいかという,比率を表現するのに用いられるのが円グラフです.

>>> 長所 全体のうち大きな割合を占めるものがある場合,そのことを効果的に表現できます.

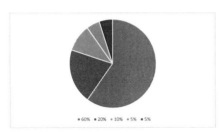

>>> 短所 個々の割合に大きな差がないときには,その差が視覚的にわかりづらくなります.この場合,棒グラフを用いた方が差をわかりやすく表現できます.

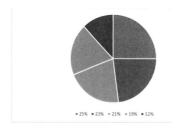 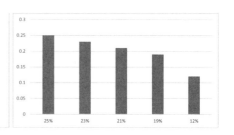

>>> 注意　標本調査の結果などの場合，円グラフで表示するとデータ数が十分でなくても十分なデータ数であるかのように錯覚させられます．そのため，実際の度数を必ず表示するべきです．極端な例ですが，アンケート対象者が 4 人しかいないときに円グラフにすると，YES が 3 人でも 75% として表示されてしまいます．

また，円グラフに限った話ではありませんが，ニュースなどでも見映えがよいのでよく用いられる 3D グラフは原則として使用を避けるべきです．理由は次のグラフのように，どれも同じ割合でも手前側だけ多く見えるためです．

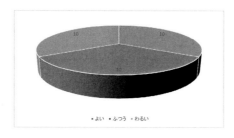

グラフはあくまでもデータを効果的に，かつありのままに見せるためのツールであると心得ましょう．

演習 3.1

サポートページ から data03.xlsx をダウンロードして下さい．
レトルトカレーの新商品の開発者が，甘口と辛口のそれぞれを試作し，500 人を集めて試食会を開きました．このファイルはその結果のデータです．この結果を円グラフにして下さい．

1. まず，度数分布表を作成します．第 2 回と同様で COUNTIFS() 関数を使います．検索条件には，4 などと書いておけば 4 の数を数えてくれます．
2. 度数分布表ができたら，甘口，辛口それぞれの円グラフを作成します（データを選択し，挿入メニューから円グラフを選択）．
3. ラベルを正しく設定します．グラフ上で右クリックし，「データの選択」を選び，「横（項目）軸ラベル」の「編集」ボタンを押します．軸ラベルの範囲を指定するダイアログが出るので，ラベル範囲を選択します．

4. 各データの度数を表示させます．グラフ上で右クリックし，「データラベルの追加」を選びます．

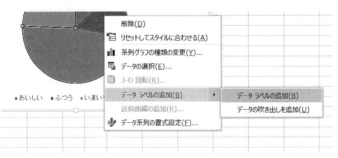

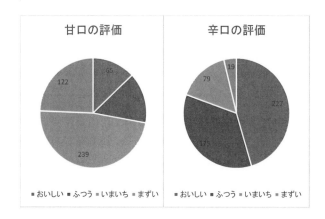

3.2 折れ線グラフ

時系列データの変動を表現するときには折れ線グラフを用いるのが有効です．Excel で描くには，基本的にこれまでの棒グラフや円グラフと同じで，時系列の順に並べた数値データを範囲選択し，挿入メニューから折れ線グラフを選択します．

≫ 注意　データに連続性がない場合に折れ線グラフを使ってはいけません．例えば，演習 3.1 で折れ線グラフを使うのは不適です（各評価の値を線でつなぐ意味がありません）．

演習 3.2

インターネット上には様々な時系列データが公開されています．これらのうち，いくつかのデータを選んで折れ線グラフを作成して下さい．また，作成したグラフからどのようなことが読み取れるか考察して下さい．

3.2 折れ線グラフ　29

　経済学に関連したデータが公開されているページには，例えば以下があります（2015 年 1 月現在）.

- GDP 統計（内閣府）
  http://www.esri.cao.go.jp/jp/sna/menu.html
- 貿易統計 輸出入額の推移（財務省）
  http://www.customs.go.jp/toukei/suii/html/time.htm
- 国債等関係諸資料（財務省）
  http://www.mof.go.jp/jgbs/reference/appendix/
- 税制：租税及び印紙収入（財務省）
  http://www.mof.go.jp/tax_policy/index.html
- Yahoo!ファイナンス（為替，株価など）
  http://finance.yahoo.co.jp/

≫　縦軸の最小値が 0 からはじまり変動がわかりづらい時　縦軸を右クリックして，「軸の書式設定」から縦軸の最小値を設定できます．

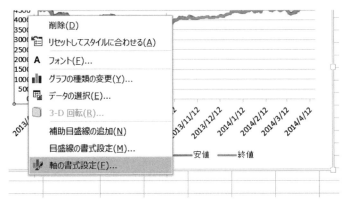

> **補足** CSV 形式

　インターネット上で公開されているデータのファイル形式には，Excel 形式（*.xlsx や *.xls）の他に CSV 形式と呼ばれるものがあります．これは Comma-Separated Values（カンマ区切り）の略で，「メモ帳」で開いてみるとわかるように，テキスト（文字だけの）データで各セルがカンマで区切られているだけの単純な形式です．CSV 形式のような汎用性のある形式で公開されたデータであれば，フリーの統計ソフトである R やその他スクリプト言語を使う場合に容易に読み込むことができます．もちろん，Excel で読み込むことも可能です．

　Excel で CSV 形式を扱うときの注意点として，上図のように文字だけのデータ形式であるために，Excel の関数やグラフなどの情報は CSV 形式で保存すると失われてしまいます．したがって，CSV 形式のデータを読み込んでグラフなどを作成し，それを「上書き保存」すると，計算過程やグラフが消えてしまいます．必ず「名前を付けて保存」から Excel 形式で保存するようにしましょう．

第4回 データの中心と広がり (1)

第 4 回はデータの代表値の計算を扱います．ここから本格的にデータ分析らしくなってきます．

>>> 第 4 回の目標

- データの代表値の必要性を理解する．
- 平均値と中央値の意味・特性を理解し，計算できる．
- 分散と標準偏差の意味・特性を理解し，計算できる．

>>> なぜ代表値を計算するのか　これまでは度数分布表やグラフの作成など，与えられたデータの分布を一目で見渡すための方法を学んできました．しかし，表やグラフを一見して得られる情報は定性的なものがほとんどです．どの値の周辺にデータは集まっているのか，どれぐらい値が広がっているのかなどの分布の特徴についての情報を，定性的にではなく定量的に，つまり具体的な値として知りたい場合があります．これを表すのが代表値，もしくは基本統計量と呼ばれるものです．基本統計量というと難しそうですが，平均値もこれに含まれます．

4.1　データの中心を表す代表値

データの中心を表す代表値としては，次の 3 つがよく用いられます．

平均値：値の総和をデータの個数で割ったもの．
中央値：値を小さいものから順番に並べたとき，ちょうど中央となる値．ただし，データの個数が偶数個の場合は中央の 2 つの値の平均値とします．

最頻値：最も多く現れる値．ただし，同じ度数のものが複数ある場合は定義できないので，階級分けなどの工夫が必要です．

>>> 例　8個の数値列 $2, 5, 3, 8, 3, 5, 5, 4$ というデータが与えられたとする．

- 平均値：$\dfrac{2+5+3+8+3+5+5+4}{8} = 4.375$
- 中央値：昇順に並べ替えると $2, 3, 3, \underline{4}, \underline{5}, 5, 5, 8$ となるので，$\dfrac{4+5}{2} = 4.5$
- 最頻値：5 が 3 回出てきて最も多いので，5

　第1回でも触れましたが，平均値は他と大きく値が異なるデータ（外れ値，異常値などという）が含まれているとその影響を大きく受けます．例えば，先のデータの最大値 8 が 10,000 に置き換わると，平均値は 1,253.375 と極めて大きな値になってしまいます．一方，中央値と最頻値はこの影響を受けません．このことを，中央値と最頻値は頑強である，もしくはロバストであるといいます．

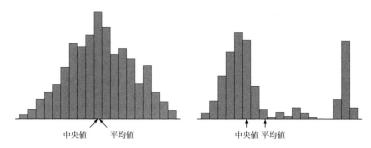

　平均値は全てのデータの情報を値に反映させることができるため，データの中心を表す値として広く用いられています．しかし，右図のように分布が左右対称でない場合や外れ値を含む場合などでは，平均値は中心を表す代表値としては不適切になることがあります．一方，最頻値は外れ値の影響を全く受けませんが，最も多く現れたデータの情報しか反映していないため，分布の特徴を表す量としては役に立たないことも多くあります．中央値は外れ値の影響をほとんど受けず，かつ「順番に並べたときの中心」として分布の情報をそれなりに反映しているため，平均値が代表値として適切でない場合には中央値を代わ

りに用いることがあります.

	平均値 (average)	中央値 (median)	最頻値 (mode)
意味	重心 (値が大きいほど重い)	面積を半分割する点 (値に依らず重さは同じ)	山のピーク
情報量	多い	多少	少ない
外れ値の影響	大きい	ほぼなし	なし

演習 4.1

（サポートページ）から data04.xlsx をダウンロードして下さい．このファイルは，ある高校の定期試験の数学と英語の点数データです．

(i) それぞれの科目の点数の度数分布表とヒストグラムを 5 点刻みで作って下さい．

(ii) それぞれの科目の平均点と中央値を求めて下さい．平均点は，まず SUM(範囲) を使って定義通りに計算します．その後別のセルで平均を求める関数 AVERAGE(範囲) を使って計算し，両者が一致することを確認して下さい．中央値は MEDIAN(範囲) で計算できます．計算した平均点と中央値がヒストグラム上のどの位置にあたるかを確認して下さい．

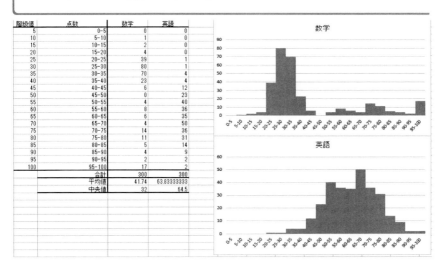

4.2 データの広がりを表す代表値

　中心がわかっただけでは分布についてよくわかったとは言えません．分布を山として見たときに，その裾野がどれぐらい広がっているかを表す統計量として，標準偏差，四分位範囲，範囲があります．これらと中心を表す代表値（平均値，中央値，最頻値）とを組にすれば，分布の様子がある程度定量的に捉えられます．ここで標準偏差，およびその前段階として必要な分散について，詳しく学びましょう．

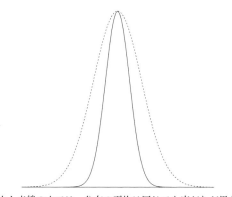

実線の山と点線の山では，分布の平均は同じでも広がりが異なる．

≫ **範囲**　範囲とは，データの最大値から最小値を引いたものです．つまり，文字通り全てのデータが含まれる範囲の大きさを表します．範囲は外れ値の影響を直接受けるため，分布の様子を推察するには不適となる場合も多くあります．

　これに対して，標準偏差と四分位範囲は，それぞれ平均値と中央値を中心としたときの分布の広がりの情報を与えます．

≫ **分散と標準偏差**　分散は平均値に対して定義される値で，「『各データの値と平均値との差』（偏差）の二乗」の平均値です．

　まず，準備として平均値を数式で定義します．与えられた n 個のデータの値

を $x_1, x_2, \ldots, x_n$ とすれば，その平均値 $\bar{x}$ は次の式で定義されます．

$$\bar{x} = \frac{x_1 + x_2 + \cdots + x_n}{n} = \frac{1}{n}\sum_{i=1}^{n} x_i$$

このとき，分散 s^2 の定義は次の式のようになります．

$$s^2 = \frac{(x_1 - \bar{x})^2 + (x_2 - \bar{x})^2 + \cdots + (x_n - \bar{x})^2}{n} = \frac{1}{n}\sum_{i=1}^{n}(x_i - \bar{x})^2$$

そして，標準偏差 s は，分散の正の平方根をとります．

$$s = \sqrt{\frac{1}{n}\sum_{i=1}^{n}(x_i - \bar{x})^2}$$

分散と標準偏差の意味を理解するために，具体例として身長のデータで考えてみましょう．このとき，各偏差 $(x_i - \bar{x})$ は各人の身長の平均からのズレを表します．分散は「偏差の二乗」の平均値なので，ズレの長さを一辺とする正方形の「面積」の平均値を計算していることになります．しかし，今求めたいのは面積ではなく「長さ」なので，面積の正の平方根をとれば長さになると考えるわけです．つまり，標準偏差は平均値から各人の身長が平均してどれぐらいズレているか，というような値を与えていることになります．

≫ **例** 中心を表す代表値の例と同じく，2, 5, 3, 8, 3, 5, 5, 4 を考えます．平均値は 4.375 なので，分散は次のとおりです．

$$s^2 = \frac{(2 - 4.375)^2 + (5 - 4.375)^2 + \cdots + (4 - 4.375)^2}{8} = 2.984375$$

正の平方根をとれば，標準偏差として $s = 1.727534$ を得ます．（平均値）±（標準偏差）を計算してみると，$4.375 - 1.727 = 2.648, 4.375 + 1.727 = 6.102$ ですので，2 と 8 以外のデータは得られた範囲に入っていることがわかります．

演習 4.2

演習 4.1 で作成した表に対して，さらにそれぞれの科目の分散と標準偏差を計算して下さい．

まず，各生徒の点数の偏差の二乗を計算し，それらから定義通りに分散と標準偏差を計算して下さい．平方根を求める Excel の関数は SQRT() です．その後，別のセルに次の関数を使って計算し，結果が一致することを確認して下さい．

- VAR.P(範囲)：分散を計算します．
- STDEV.P(範囲)：標準偏差を計算します．

偏差の二乗を計算するスペースが足りなければ，セルを右クリックしてメニューから「挿入」をクリックし，「列全体」を選んで OK とすれば列を追加することができます．

通番	数学	英語	数学の偏差の二乗	英語の偏差の二乗	階級値	点数	数学	英語
1	90	77	2329.0276	173.3611111	5	0-5	0	0
2	82	66	1620.8676	4.694444444	10	5-10	1	0
3	34	29	59.9076	1213.361111	15	10-15	2	0
4	54	72	150.3076	66.69444444	20	15-20	4	0
5	43	72	1.5876	66.69444444	25	20-25	39	1
6	29	71	162.3076	51.36111111	30	25-30	80	1
7	29	61	162.3076	8.027777778	35	30-35	70	4
8	100	57	3394.2276	46.69444444	40	35-40	23	4
9	100	64	3394.2276	0.027777778	45	40-45	6	12
10	23	24	351.1876	1586.694444	50	45-50	0	23
11	100	38	3394.2276	667.3611111	55	50-55	4	40
12	26	66	247.7476	4.694444444	60	55-60	8	36
13	97	55	3053.6676	78.02777778	65	60-65	6	35
14	27	71	217.2676	51.36111111	70	65-70	4	50
15	27	50	217.2676	191.3611111	75	70-75	14	36
16	22	69	389.6676	26.69444444	80	75-80	11	31
17	30	54	137.8276	96.69444444	85	80-85	5	14
18	29	50	162.3076	191.3611111	90	85-90	4	9
19	27	32	217.2676	1013.361111	95	90-95	2	2
20	100	49	3394.2276	220.0277778	100	95-100	17	2
21	27	82	217.2676	330.0277778		合計	300	300
22	35	70	45.4276	38.02777778		平均値	41.74	63.83333333
23	27	76	217.2676	148.0277778		中央値	32	64.5
24	30	66	137.8276	4.694444444		分散(定義通り)	509.6857333	164.3255556
25	24	68	314.7076	17.36111111		標準偏差(定義通り)	22.57622053	12.81895298
26	60	60	333.4276	14.69444444		分散(VAR.P)	509.6857333	164.3255556
27	28	70	188.7876	38.02777778		標準偏差(STDEV.P)	22.57622053	12.81895298

≫ **金融への応用：ボラティリティ（変動率）** 世の中には株式，社債といった有価証券を取引する市場が存在します．これらは，それぞれに「企業の資金調達を効率化することで経済発展に資する」といった本来の目的がありますが，証券の値動きを利用して売買を行うことで利益を得ることが可能であるため，短期的なもしくは長期的な投資が広く行われています．こうした行為をする上で気になるのは，売買した証券の値動きに対するリスクでしょう．過去の証券価格の変動の標準偏差はこのようなリスクを測る目的で利用されています．こ

れをヒストリカル・ボラティリティと呼んでいます．

　リスクを知りたいので，標準偏差として得られた値が持つ具体的な意味が気になります．これには正規分布と呼ばれる分布がよく用いられます．正規分布においては，次のようになることが知られています．

- （平均）±（標準偏差）の範囲に全体の 68.3%
- （平均）±2×（標準偏差）の範囲に全体の 95.4%

つまり，求めた標準偏差の 2 倍ぐらいの変動が起こりうる場合のほとんどで，それ以上の変動は 4.6% 程度しか起こらないということになります．また，一般的にリスクとリターンには関連があり，ローリスク・ローリターンか，ハイリスク・ハイリターンになります．

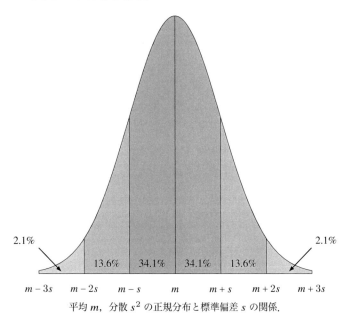

平均 m，分散 s^2 の正規分布と標準偏差 s の関係．

演習 4.3

好きな株式をいくつか選び，それらのある期間における株価の前日比（当日の価格÷前日の価格）の平均と標準偏差を求め，比較して下さい．どのような傾向があるか，価格変動率の時系列グラフを描いてそれも見ながら考察して下さい．

株価のデータは例えば次の Web ページから取得できます．

- Yahoo!ファイナンス：http://finance.yahoo.co.jp/

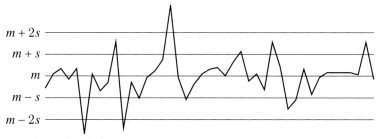

価格変動率の時系列の例．平均を m，標準偏差を s とすると，変動率は $[m-2s, m+2s]$ の範囲にほぼおさまる．

株価には日足の終値を用いるのがよいでしょう．

ここで，株式についての用語を簡単に解説しておきます．

- 日足：1 日の株価の動きのこと．
- 前場・後場：東証では昼休みを挟んで午前の市場のことを前場，午後の市場のことを後場といいます．
- 始値・高値・安値・終値：株価は市場参加者間での取引が成立することで初めて決まります．つまり，買いたい人と売りたい人がそれぞれの希望価格をつけて注文をし，両者が一致することで価格が決まります．市場の取引時間中に，最初に取引が成立したときの価格のことを始値，最後に成立した取引での価格のことを終値といいます．また，取引時間中についた最も高い価格のことを高値，最も安い価格のことを安値といいます．

- 出来高：取引時間中に取引された株式の総数のこと．
- 売買代金：取引時間中に取引された株式の金額のこと．

補足 なぜ標準偏差の定義は複雑なのか？

なぜ標準偏差の定義は「偏差の二乗の平均値の正の平方根」などという回りくどいものになっているのでしょうか．もっと単純に，

$$\frac{1}{n}\sum_{i=1}^{n}(x_i - \bar{x})$$

を標準偏差の定義としてはだめなのでしょうか．これは，総和をバラしてみればすぐにわかるように

$$\frac{1}{n}\sum_{i=1}^{n}(x_i - \bar{x}) = \frac{1}{n}\sum_{i=1}^{n}x_i - \frac{1}{n}\sum_{i=1}^{n}\bar{x} = \bar{x} - \frac{1}{n}\times n\bar{x} = 0$$

と，必ず0になってしまうので使えません．つまり，平均値より大きいものと小さいもので打ち消し合ってしまうわけです．

ならば，打ち消しが起こらないように，絶対値を使って

$$\frac{1}{n}\sum_{i=1}^{n}|x_i - \bar{x}|$$

とすればどうでしょうか．実はこれには平均絶対偏差という名前がついています．しかし，絶対値は原点で微分不可能な関数であり，より進んだ様々な計算をするうえで取り扱いが難しくなるため，あまり用いられることはありません．二乗関数ならば取り扱いも容易で，打ち消しを防ぐこともできるので，これを分散，標準偏差の定義として採用するわけです．このように，ややこしい定義の理由は数学の理論的な都合にあります．

第 5 回 データの中心と広がり (2)

第 4 回に引き続き，データの広がりを表す代表値として，四分位範囲を扱います．

>>> 第 5 回の目標

- 四分位範囲の意味・特性を理解し，計算できる．
- 箱ひげ図が読める．
- 標準化変量の考え方を理解し，計算できる．

5.1 四分位範囲

分散や標準偏差は平均値を中心とした値であるため，外れ値などによって平均値が不適切な場合には同様に不適切となります．そこで，中央値と同じように頑強な，順序に基づいた代表値として四分位範囲が用いられます．

「四分位（しぶんい）」という言葉通り，中央値で分けられた 2 つのデータ列をさらにそれぞれ 2 分割する値に着目します．つまり，データ列を順に並べたときに，3/4 の位置にある値（第 3 四分位点）から 1/4 の位置にある値（第 1 四分位点）を引いたものを四分位範囲といいます．この定義から中央値は第 2 四分位点になり，四分位範囲に含まれます．また，四分位範囲を 2 で割ったものを四分位偏差といいます．

>>> よく用いられる記号　四分位数に関しては，よく Q_i で $i/4$ の位置にある値を表すことがあります．

- Q_0: 最小値
- Q_1: 第 1 四分位点

- Q_2: 中央値
- Q_3: 第 3 四分位点
- Q_4: 最大値

>>> **正確な定義** 中央値の場合と同様に，データ列の 1/4 や 3/4 の位置に値があるとは限らないので，正確には次のように定義します．昇順に並んだ n 個のデータ $x_1, x_2, \ldots, x_n$ があるとき，k と w をそれぞれ $\dfrac{n+3}{4}$ の整数部，小数部として，その第 1 四分位点 Q_1 を次のように定めます．

$$Q_1 = (1-w)x_k + wx_{k+1}$$

同様に，第 3 四分位点 Q_3 は k と w をそれぞれ $\dfrac{3n+1}{4}$ の整数部，小数部とするときに上と同じ式で定めます．

>>> **例** 2, 5, 3, 8, 3, 5, 5, 4 のデータで考えると，昇順で並べ替えると 2, 3, 3, 4, 5, 5, 5, 8 ですので，第 1 四分位点は $Q_1 = \dfrac{1}{4} \times 3 + \dfrac{3}{4} \times 3 = 3$，中央値は $Q_2 = \dfrac{4+5}{2} = 4.5$，第 3 四分位点は $Q_3 = \dfrac{3}{4} \times 5 + \dfrac{1}{4} \times 5 = 5$ となります．したがって，四分位範囲は $Q_3 - Q_1 = 5 - 3 = 2$，四分位偏差はこれを 2 で割って 1 と求まります．

演習 5.1

サポートページ から data05.xlsx をダウンロードして下さい．このファイルは第 4 回と同じ定期試験の結果ですが，度数分布表とヒストグラム，平均，分散，標準偏差が既に計算されています．表で埋められていない，最小値，Q_1，中央値，Q_3，最大値，四分位範囲，四分位偏差の値を計算して下さい．

次の関数が使えます．

- `QUARTILE.INC(データ範囲, i)`：指定されたデータの Q_i を計算します．

得られた Q_1, Q_3 がヒストグラムのどの位置に来ているかを確認して下さい．平均値から標準偏差だけ離れた範囲と比べてみましょう．

最小値 Q0	6	24
Q1	27	55
中央値 Q2	32	64.5
Q3	46.25	72
最大値 Q4	100	100
四分位範囲 Q3-Q1	19.25	17
四分位偏差 (Q3-Q1)/2	9.625	8.5

5.2 箱ひげ図

最小値，Q_1，中央値，Q_3，最大値の 5 つの値がわかれば，分布がどのようになっているのか，おおまかな様子が浮かび上がってきます．この 5 つの値で分布を表現することを五数要約といいます．また，五数要約は箱ひげ図を用いて視覚的に表現することがよく行われます．

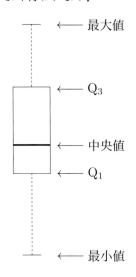

図のように，箱とひげによって分布の中心，偏り，裾野の広がりが表現されます．ただし，ひげが示す最大値と最小値については，なんらかの基準によって外れ値を除いた後の最大値・最小値の場合もあるので，そこでのひげの定義に注意して下さい．一般的な外れ値の基準は，Q_1, Q_3 から四分位範囲（箱の長さ）の 1.5 倍以上離れた点は外れ値とみなすというものです．

Excel には箱ひげ図を描く機能が存在しないため，描きたい場合には積み上げ棒グラフや株価チャートを利用して描く必要があります．なお data05.xlsx では五数を入力すると自動的に箱ひげ図が描かれる設定にしてあります．Excel よりも統計に特化したソフトウェアである R（フリー）や SPSS（商用）を使えば，入力したデータに対する箱ひげ図を簡単に描くこともできますが，ソフトウェアの扱いは Excel よりもやや難しくなります．

5.3 標準化変量

例えば大学受験予備校が模擬試験を実施すると，採点結果の通知には得点の他に偏差値と呼ばれる値が表示されています．これは，平均値が 50，標準偏差が 10 となるように得点を標準化したもので，もし分布が正規分布であれば次のようになります（実際には正規分布とは限らないのでこの通りにはなりません）．

- 偏差値 40 から 60 までの範囲に全体の 68.3%
- 偏差値 30 から 70 までの範囲に全体の 95.4%

したがって，偏差値が 40 台，50 台の人は全体で 7 割弱いるのでごく普通の点数と考えられ，30 台，60 台の人はそれぞれ 1 割強ずつしかいないので比較的悪い，もしくは良い点数と言えます．また，20 台，70 台の人はさらに少なくなります．このように，標準化することによって異なる難易度の試験を比較することができるようになります．

偏差値を定義するためには，まず標準化変量というものを定義します．データ x_i に対して，その標準化変量 z_i は，平均値を $\bar{x}$，標準偏差を s として，次

の式で定義されます．

$$z_i = \frac{x_i - \bar{x}}{s}$$

標準化変量の平均値は，$n\bar{x} = \sum_{i=1}^{n} x_i$ であるので 0 となります．

$$\bar{z} = \frac{1}{n}\sum_{i=1}^{n} z_i = \frac{1}{n}\frac{\sum_{i=1}^{n} x_i - n\bar{x}}{s} = 0$$

また，標準偏差は $s^2 = \dfrac{1}{n}\sum_{i=1}^{n}(x_i - \bar{x})^2$ から 1 となります．

$$\tilde{s} = \sqrt{\frac{1}{n}\sum_{i=1}^{n} z_i^2} = \sqrt{\frac{\frac{1}{n}\sum_{i=1}^{n}(x_i - \bar{x})^2}{s^2}} = 1$$

このように，標準化変量 z_i では平均値が 0，標準偏差が 1 に標準化されています．

標準化変量を用いて，x_i に対する偏差値 S_i は次で定めます．

$$S_i = 50 + 10 z_i$$

S_i の平均値が 50，標準偏差が 10 になることは，標準化変量の場合と同様に定義通り計算することで容易に確認できます．

演習 5.2

演習 5.1 の定期試験のデータについて，次の計算をして下さい．

(i) 各人の数学，英語それぞれの偏差値を算出して下さい．
(ii) 算出した偏差値の平均と標準偏差を求め，それぞれ 50, 10 となっていることを確認して下さい．
(iii) 数学，英語のそれぞれで，最高点の人，最低点の人の偏差値を計算して下さい．

第5回 データの中心と広がり (2)

　標準化変量の定義からわかるように，標準偏差が小さい，つまり平均点付近に分布が固まっているほど，高得点をとったときの偏差値は大きくなり，逆に標準偏差が大きければ高得点をとっても偏差値は小さくなるはずです．

通番	数学	英語	数学偏差値	英語偏差値			数学	英語
1	90	77	71.3764744	60.2712497		偏差値の平均	50	50
2	82	66	67.8329229	51.6902056		偏差値の標準偏差	10	10
3	34	29	46.5716139	22.8266939		最高偏差値	75.8059138	78.2134327
4	54	72	55.4304927	56.3707751		最低偏差値	34.1691837	18.9262193
5	43	72	50.5581094	56.3707751				
6	29	71	44.3568942	55.5906802				
7	29	61	44.3568942	47.7897311				
8	100	57	75.8059138	44.6693514				
9	100	64	75.8059138	50.1300158				
10	23	24	41.6992306	18.9262193				

| 補足 | 確率密度関数と正規分布 |

　ここまでに，正規分布という言葉が何度か出てきていますが，少しだけこれについて説明しておきます．

　第2回で触れたように，数値データが与えられると，その度数分布表からヒストグラムを描くことができます．データによってヒストグラムは様々な形の山を描きますが，こうした山の形には典型的なものがいくつか知られています．正規分布は，これらの中でも最もよく現れる分布です．

　今，実数値をとるデータが無限個与えられているとして，そのヒストグラムを描くことを考えましょう．「無限個」というのは荒唐無稽な設定のように思われるかもしれませんが，例えば株価や気温のような日々生み出される時系列データは，事実上無限個あるデータから一部を切り出してきているものとみなすことができるので，そこまでおかしなことを言っているわけではありません．このような場合，データが無限個あるのでどのように階級を分けても各度数は無限となってしまいますが，相対度数，つまり各階級が全体に占める割合は0と1の間の値となるので，これを用いれば山が描けるはずです．

　ここで，次の操作を考えます．

1. 階級幅を h，各階級の高さを $\dfrac{(相対度数)}{h}$ としたヒストグラムを描く．
2. $h \to 0$ の極限をとる．

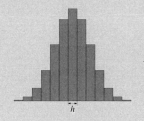

h を小さくしていくと，ギザギザしていた山がどんどん滑らかになっていきます．この極限で得られた滑らかな山を関数とみなして，$f(x)$ と書きましょう．このとき，次の性質が成り立ちます．

- $f(x) \geqq 0$
- $\int_{-\infty}^{\infty} f(x)\,dx = 1$
- 区間 (a,b) に入る値が全データに占める割合は $\int_a^b f(x)\,dx$ となる．

積分が出てきていますが恐れることはなくて，要は山の $x=a$ から $x=b$ までの範囲を切り出して，その面積を測れば，これがちょうど区間 (a,b) に入る値が占める割合を与えるということです．このような $f(x)$ のことを確率密度関数といいます．

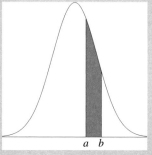

図の灰色の部分の面積が区間 (a,b) 内の値が全体に占める割合となる．

確率密度関数として次のものを考えましょう．

$$f(x) = \frac{1}{\sqrt{2\pi s^2}} e^{-\frac{(x-m)^2}{2s^2}}$$

ここで，π は円周率，e は自然対数の底です．これが平均 m，分散 s^2 の正規分布の確率密度関数です．確率密度関数を使えば，例えば「(平均) $\pm$ (標準偏差) の範囲に全体の 68.3% が入る」という主張は，次の

計算をすることで確かめられます．

$$\int_{m-s}^{m+s} f(x)\,dx \simeq 0.683$$

正規分布が統計学でよく用いられる理由は，次の事実によります．

ある分布に従う平均 m，分散 s^2 の数値データの集合から，無作為に1つのデータを取り出す操作を n 回行い，取り出したデータの平均値を $\bar{x}$ とする．このとき，$\sqrt{\dfrac{n}{s^2}}(\bar{x}-m)$ の分布は，$n \to \infty$ で平均0，分散1の正規分布（標準正規分布）に収束する．

この事実を中心極限定理といいます．よって，ある程度 n が大きいときには，正規分布による近似を正当化できることになります．

第 6 回　散布図と相関関係

第 6 回は，散布図と相関係数を扱います．これは第 7 回から始まる推測統計の 1 つ目である回帰分析とも直接関係があるので，しっかり習得しましょう．

>>> 第 6 回の目標

- 散布図を描ける．
- 相関係数の意味・特性を理解し，計算できる．

6.1　散布図

2 変数を持つデータ列が与えられたとき，その 2 変数間の関係を平面上に視覚的に表したものが散布図です．例えば何人かの身長と体重のデータがあるとき，x-y 平面上に (身長，体重) の点をプロットすると散布図ができます．おそらく身長が高い人ほど体重も重い傾向があるだろうと容易に想像できますが，散布図を描くことで視覚的に確かめられます．

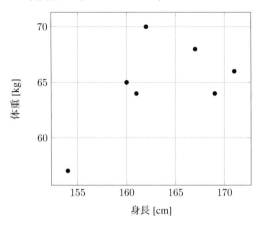

図のように，横軸に身長，縦軸に体重をとって，1つのデータに対応して1つの点をプロットします．傾向として身長が高い人ほど体重も重い，つまり左下から右上に向かう直線の関係が見えます（これが次回扱う回帰分析です）．

演習 6.1

サポートページ から data06.xlsx をダウンロードして下さい．このファイルの1枚目のシートは，ある大学生男子20人の身長と体重のデータを表にまとめたものです．

(i) 身長と体重の関係を散布図で表して下さい．

2枚目のシートは，北半球にある15都市の緯度，経度（東経を正，西経を負とする），12月の平均最高気温のデータを表にまとめたものです．

(ii) 緯度と平均最高気温の関係を散布図で表して下さい．
(iii) 経度と平均最高気温の関係を散布図で表して下さい．

縦軸の範囲が大きすぎる場合は，第3回の折れ線グラフのときと同様に，「軸の書式設定」から縦軸の最小値・最大値を設定します．

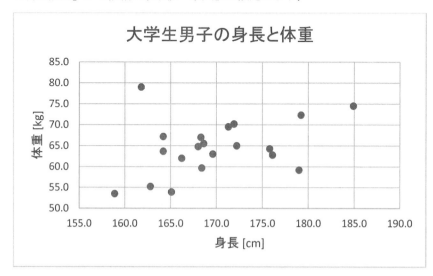

Excel で散布図を描く方法は，これまでの各種グラフと同様に，表を範囲選択して挿入メニューからグラフを選び，散布図を選択します．互いに離れた 2 つの列を選択したい場合は，1 つ目の列を範囲選択した状態で Ctrl を押しながら 2 つ目の列を範囲選択します．

6.2 相関と相関係数

身長と体重の関係のように，一方が増えればもう一方も増える（減る）傾向があるとき，このことを相関があるといいます．どれぐらい相関があるかを定量的に表すのが相関係数です．特にここで扱うのは Pearson の相関係数と呼ばれるもので，定義は次の通りです．

$$r = \frac{\sum_{i=1}^{n}(x_i - \bar{x})(y_i - \bar{y})}{\sqrt{\sum_{i=1}^{n}(x_i - \bar{x})^2}\sqrt{\sum_{i=1}^{n}(y_i - \bar{y})^2}}$$

ここで，$\bar{x}, \bar{y}$ はそれぞれデータ列 $\{x_1, x_2, \ldots, x_n\}$, $\{y_1, y_2, \ldots, y_n\}$ の平均値です．具体的な散布図と相関係数の関係は次のようになります．

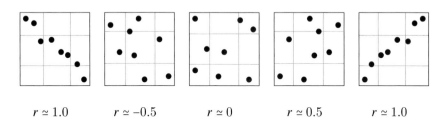

$r \simeq 1.0$　　$r \simeq -0.5$　　$r \simeq 0$　　$r \simeq 0.5$　　$r \simeq 1.0$

相関係数は -1 から 1 までの範囲の値となり，傾きが正の直線に近いほど 1 に，負の直線に近いほど -1 に近くなります．直線の関係が見られない場合にはほぼ 0 になります．

>>> **相関係数に関する注意点**　相関係数の値を読むには注意が必要です．

- 相関係数は単に直線の相関関係があるかどうかの指標です．したがっ

て，相関係数が 0 であるからといって全く関係がないとは言い切れません．例えば，次のような 2 次曲線の関係がある場合でも相関係数は 0 に近くなります．

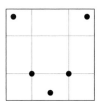

相関係数だけで全てを判断するのではなく，散布図も必ず描いてみることが大切です．

- 定義式から類推できますが，データに外れ値が含まれていると相関係数は大きく影響を受けます．極端な例として，次のように傾きが負の直線に乗るデータに 1 つだけ外れ値 $(100, 100)$ が含まれている場合，相関係数はほぼ 1 となりますが，外れ値 $(100, 100)$ を除けば相関係数はほぼ -1 となります．

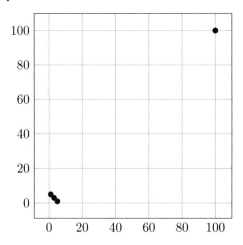

このことからもわかるように，データを分析する際には必要に応じて外れ値を事前に処理しておくことが重要で，外れ値の発見のためにもやは

り散布図を描くことが大切になります.
- 相関関係を因果関係,つまり一方が原因でもう一方がその結果であると安易に拡大解釈してはいけません.もちろん,「身長が高ければ体重は重くなる」,「緯度が高ければ気温は低くなる」と因果関係が明らかな場合もありますが,例えばかき氷の売上と扇風機の売上に正の相関が見られた場合に,「かき氷が売れれば扇風機が売れる」と言えるでしょうか.ここでは当然,「気温が上がる」という共通の原因があるからかき氷も扇風機も売れるに過ぎません.相関関係と因果関係についてはさらに調査が必要となります.

演習 6.2

演習 6.1 で描いた 3 つの散布図に対応して,Pearson の相関係数を計算して下さい.

Excel には次の関数があります.

- PEARSON(系列 1,系列 2):Pearson の相関係数を計算します.身長と体重の関係の場合,系列 1 に身長のデータ列,系列 2 に対応する体重のデータ列を指定します.

なお,相関係数を計算する関数としては CORREL() もありますが,これは PEARSON() と全く同じ働きをするので,どちらを用いても構いません.

第6回 散布図と相関関係

	A	B	C	D	E	F	G	H
1	通番	身長 [cm]	体重 [kg]					
2	1	162.8	55.2					
3	2	171.3	69.5		相関係数	=PEARSON(B2:B21,C2:C21)		
4	3	158.9	53.5					
5	4	184.9	74.5					
6	5	168.4	59.7					
7	6	168.3	67.0					
8	7	164.2	63.7					
9	8	168.6	65.5					
10	9	176.1	62.8					
11	10	169.6	63.0					
12	11	168.0	64.8					
13	12	172.2	65.0					
14	13	164.2	67.2					
15	14	175.8	64.3					
16	15	166.2	62.0					
17	16	171.9	70.2					
18	17	179.2	72.3					
19	18	165.1	53.9					
20	19	161.8	79.0					
21	20	179.0	59.2					
22								

演習 6.3

株価や為替の時系列データを 2 つ選び，値動きに相関があるかどうかを調べて下さい．

第 3 部
推測統計

第 7 回

回帰分析

第 7 回から推測統計に入ります．少し難しい数式や概念も出てきますが，卒業研究等でよく使われますので，しっかりと理解しましょう．

>>> 第 7 回の目標

- 回帰分析の意味を理解し，実行できる．
- 回帰分析の結果を評価できる．

回帰分析は，ある変数の値から別の変数の値を予測する統計手法です．予測される変数を目的変数（もしくは，従属変数，被説明変数），予測に用いる変数を説明変数（もしくは，独立変数）といいます．

7.1 単回帰分析

次のような身長と体重の例で考えましょう．

身長 [cm]	154	161	167	160	171	162	169
体重 [kg]	57	64	68	65	66	70	64

身長と体重の関係を見るために散布図を描くと，傾向として直線の関係が見えます．この散布図のデータのできるだけ中心を通る直線を引いてみましょう（これをスキャターチャート法といいます）．

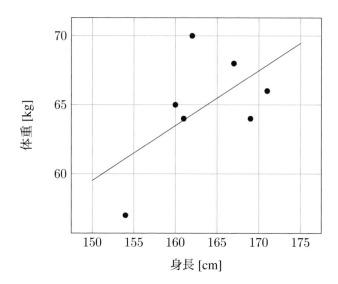

　この直線を回帰直線といい，回帰直線を用いて目的変数 y の値を 1 つの説明変数 x から予測する方法を単回帰分析といいます．
　回帰直線は次の 1 次式で表されます．

$$y = a + bx$$

ここでは，目的変数 y を体重，説明変数 x を身長とすると，次のような回帰直線となります．

$$(体重) = a + b\,(身長)$$

　このように，与えられたデータに対して尤もらしい直線を引くことで，体重のデータがわからなくても，身長の値から体重をある程度予測できます．

7.2　最小二乗法と正規方程式

　「尤もらしい直線」については，人間の直感に頼って直線を引くこともできますが，なんらかの尤もらしさの基準を数学的に定める必要もあるでしょう．尤もらしさの基準として，よく用いられるのは最小二乗法と呼ばれる方法です．
　もし，データがある直線の上に完全に乗っていたならば，その直線と各デー

7.2 最小二乗法と正規方程式

タの値とのズレは 0 になります．ところが，実際には直線とデータの間にはズレがあります．そこで，できるだけズレの小さな直線を尤もらしい直線とします．

最小二乗法では，「回帰直線と与えられたデータの値との差」の二乗が最小となる直線が尤もらしいと考えます．つまり，n 個のデータ (x_i, y_i) があるとき，次式で定義される値 U を最小にする a と b を求めれば，回帰直線が 1 本引けることになります（図を参照）．

$$U = \sum_{i=1}^{n}(a + bx_i - y_i)^2$$

二乗する理由は，第 4 回で説明した分散の場合と同じです．

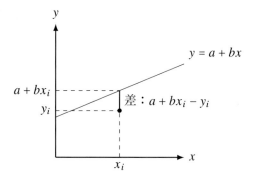

では，U を最小化する係数 a と b はどうやって求めるのでしょうか．微分法を用いれば，a と b を次の連立一次方程式の解に選べばよいことがわかります．これを正規方程式と呼びます．

$$\begin{cases} na + \left(\sum_{i=1}^{n} x_i\right) b = \sum_{i=1}^{n} y_i \\ \left(\sum_{i=1}^{n} x_i\right) a + \left(\sum_{i=1}^{n} x_i^2\right) b = \sum_{i=1}^{n} x_i y_i \end{cases}$$

これを解けば，係数 a と b は次のように求まります．

$$a = \frac{\left(\sum_{i=1}^{n} x_i^2\right)\left(\sum_{i=1}^{n} y_i\right) - \left(\sum_{i=1}^{n} x_i\right)\left(\sum_{i=1}^{n} x_i y_i\right)}{n\left(\sum_{i=1}^{n} x_i^2\right) - \left(\sum_{i=1}^{n} x_i\right)^2}$$

$$b = \frac{n\left(\sum_{i=1}^{n} x_i y_i\right) - \left(\sum_{i=1}^{n} x_i\right)\left(\sum_{i=1}^{n} y_i\right)}{n\left(\sum_{i=1}^{n} x_i^2\right) - \left(\sum_{i=1}^{n} x_i\right)^2}$$

複雑な式に見えるかもしれませんが，大切なことは a と b をデータから具体的に計算できるということです．このように，連立一次方程式を解くことに帰着できることが最小二乗法を用いる利点の 1 つです．

演習 7.1

次の身長 x と体重 y の表を入力して散布図を描き，回帰直線の切片 a と傾き b を求めて下さい．

身長 [cm]	154	161	167	160	171	162	169
体重 [kg]	57	64	68	65	66	70	64

次の関数が使えます．

- `INTERCEPT(y のデータ列, x のデータ列)`：回帰直線の切片を計算します．
- `SLOPE(y のデータ列, x のデータ列)`：回帰直線の傾きを計算します．

演習 7.2

演習 7.1 の散布図に回帰直線を追加して下さい．

まず散布図のデータ点上で右クリックし，「近似曲線の追加」を選択します．

7.2 最小二乗法と正規方程式

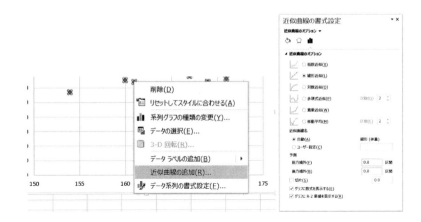

近似曲線の設定画面が出るので,「線形近似」を選択し, 一番下の「グラフに数式を表示する」「グラフに R-2 乗値を表示する」のチェックを入れます. あとは表示される数式の位置を適宜調整して下さい. 近似曲線の数式に, 演習 7.1 で求めた値が現れていることを確認して下さい.

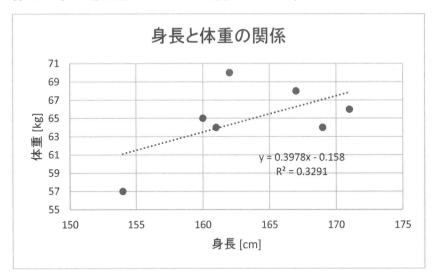

7.3 決定係数と標準誤差

回帰直線はあらゆるデータ列に対しても引くことはできますが，それがどれぐらい元のデータ列にあてはまっているかの評価が必要になります．そこで用いられるのが決定係数と呼ばれる，回帰分析で得られた回帰直線によってどの程度説明できているのかを示す指標です．決定係数の定義は次の通りです．

$$R^2 = 1 - \frac{\sum_{i=1}^{n}(y_i - \hat{y}_i)^2}{\sum_{i=1}^{n}(y_i - \bar{y})^2}$$

ただし，$\hat{y}_i = a + bx_i$ は回帰直線上の推定値，$\bar{y}$ は y_i の平均値です．

最小二乗法は，右辺第2項の分子を最小化するものです．したがって，決定係数を最大化するのが最小二乗法だと言い換えることができます．

正規方程式からの計算により，R^2 は次式のようにも書けることが示されます．

$$R^2 = \left(\frac{\sum_{i=1}^{n}(y_i - \bar{y})(\hat{y}_i - \bar{y})}{\sqrt{\sum_{i=1}^{n}(y_i - \bar{y})^2(\hat{y}_i - \bar{y})^2}} \right)^2$$

つまり，R^2 は y_i と $\hat{y}_i$ の相関係数の二乗に他なりません．したがって，決定係数は $0 \leq R^2 \leq 1$ の範囲に値をとり，回帰直線によりうまく説明できているほど1に近くなります．

> **演習 7.3**
>
> 演習 7.1 の身長と体重の例について，決定係数を計算して下さい．

次の関数が使えます．

- `RSQ(y のデータ列, x のデータ列)`：決定係数 R^2 を計算します．

演習 7.2 では既に R^2 の値も散布図に表示されているはずです．同じ値が計

算されることを確認して下さい．

	A	B	C	D	E	F	G	H	I	J	K	L
1	身長 [cm]	154	161	167	160	171	162	169		決定係数	=RSQ(B2:H2, B1:H1)	
2	体重 [kg]	57	64	68	65	66	70	64				
3												

　もっと具体的に，回帰直線による推定値が実際の値からどれぐらいズレることがありえるかを知りたい場合，ボラティリティの考え方から，既知のデータと推定値との誤差の平均を計算すればよいという考えに辿り着くでしょう．実際には，標準偏差と同様の考え方に従って，次の標準誤差という値を計算します．

$$s = \sqrt{\frac{1}{n-2}\sum_{i=1}^{n}(y_i - \hat{y}_i)^2}$$

ここで，n ではなく $n-2$ で割っているのは，第 8 回で扱う無作為標本の話と関係しています．ここでは，$\hat{y}_i$ の計算に a と b の 2 つの変数が使われているから，その分をデータ数から引いていると考えて下さい．もし誤差が正規分布に従っていれば，回帰直線から $2s$ の範囲に実際の値もほぼおさまると言えます．

演習 7.4

　演習 7.1 の身長と体重の例において，標準誤差を計算して下さい．また，与えられた身長のデータから体重の推定値を計算して，実際の体重と推定値との誤差を計算し，標準誤差と比較して下さい．

次の関数が使えます．

- STEYX(y のデータ列，x のデータ列)：回帰の標準誤差を計算します．
- FORECAST(推定したい x の値，y のデータ列，x のデータ列)：与えられたデータ列によって定まる回帰直線によって，x における推定値を計算します．

身長 [cm]	154	161	167	160	171	162	169
体重 [kg]	57	64	68	65	66	70	64
体重の推定値	61.10627	63.89101	66.27793	63.49319	67.86921	64.28883	67.07357
実際と推定値との誤差	4.106267	-0.10899	-1.72207	-1.50681	1.86921	-5.71117	3.073569
標準誤差	3.678793						

身長と体重の関係

$y = 0.3978x - 0.158$
$R^2 = 0.3291$

演習 7.5

(i) 演習 6.1 の都市の緯度と気温の関係について，演習 7.1 から演習 7.4 までと同じ分析をして下さい．また，大きく値が外れているヤクーツクのデータを除外するとどうなるかを検討してみて下さい．

(ii) インターネットで好きな都市の緯度と 12 月の平均最高気温を調べて，(i) の回帰直線により緯度から求められる推定気温が実際の気温にどれぐらい近いか（もしくはズレているか）を検証して下さい．

第 8 回　標本調査と区間推定

　第 1 回でも述べたように，推測統計の目標は「部分的なデータから全体の性質を推測すること」です．そこで，第 8 回では「部分的なデータ」の扱い方の基本を学びます．

>>> 第 8 回の目標

- 標本平均，標本分散と母平均，母分散の関係を理解する．
- 標本平均，標本分散から母平均を区間推定する方法を理解し，実行できる．
- 信頼水準の意味を理解する．

8.1　全数調査と標本調査

　何らかの調査を行う時，その調査対象の集団のことを母集団と呼びます．例えば，日本の大学生男子を対象としてアンケート調査をした時，日本の大学生男子全員が母集団となります．しかし，大学生男子は 145 万人[*3]いるので，全員を調査するのは極めて困難です．このような場合は，全国からランダムに，例えば 5,000 人を選んで調査し，その結果から全体を推定することになります．母集団全体を調査することを全数調査といいますが，これに対して母集団から一部を抜き出して調査を行うことを標本調査，抜き出した母集団の一部のことを標本といいます．

　標本調査をする際の注意点として，基本的に標本は無作為（ランダム）に選ぶ必要があります．先の 5,000 人を選ぶときに全員を作為的に経済学部から選

[*3] 平成 26 年度文部科学統計要覧 (http://www.mext.go.jp/b_menu/toukei/002/002b/1349641.htm) より．

ぶなどということは避けるべきです．そうでなければ，得られた結果は日本の経済学部の男子学生に関する結果であり，日本の（経済学部とは限らない）大学生男子については必ずしもあてはまりません．

以下では，標本は母集団から無作為に選ばれていることを仮定し，そのときに母集団について推定する方法を学んでいきましょう．

8.2 母集団と標本

これまでにも，与えられたデータの平均や分散，標準偏差を計算するということを学んできました．この与えられたデータが全て，つまり母集団だとするとこれまで通りですが，もしデータが母集団の一部，つまり標本であるとしたら，母集団については何が言えるのでしょうか．

説明に入る前に，用語を定義します．標本の平均，分散，標準偏差のことをそれぞれ標本平均，標本分散，標本標準偏差といいます．これに対して，母集団の平均，分散，標準偏差のことをそれぞれ母平均，母分散，母標準偏差といいます．なお，これら母集団の代表値のことを母数，もしくはパラメータといいます．基本的には，次のようなことが言えます．

- 標本平均や標本分散，標本標準偏差は，データ数を増やせば増やすほど母平均や母分散，母標準偏差に近づいていきます．これを大数の法則といいます．したがって，ある程度のデータ数があるときには，標本の基本統計量を母数の推定値とみなすことができます．

- しかし，特にデータ数が少ない場合には，標本分散は母分散よりも小さくなる傾向があります．これを補正するために，標本分散の代わりに次の値が用いられます．標本の各データの値を $\{x_1, x_2, \ldots, x_n\}$，標本平均を $\bar{x}$ とするとき，不偏分散を次で定めます．

$$s^2 = \frac{1}{n-1} \sum_{i=1}^{n} (x_i - \bar{x})^2$$

つまり，データ数 n ではなく，$n-1$ で割ります．また，不偏分散の平方根をとったものを不偏標準偏差といいます．

8.2 母集団と標本

なぜ不偏分散では n ではなく $n-1$ で割るのでしょうか．その謎を解く鍵は，標本の分散を計算するためには標本平均が必要なことにあります．

以下では直感的な説明を行います．第 4 回の補足で触れたように，次の関係式が成り立ちます．

$$\sum_{i=1}^{n}(x_i - \bar{x}) = \sum_{i=1}^{n} x_i - n\bar{x} = 0$$

これを書き直すと，x_n が次のように書けることがわかります．

$$x_n = n\bar{x} - \sum_{i=1}^{n-1} x_i$$

このように，標本平均 $\bar{x}$ が決まると，n 個あるデータの値のうちの一つは，残りの $n-1$ 個のデータの値と $\bar{x}$ から計算できます．つまり，標本から分散を計算しようとした時点では既に自由に使える値が $n-1$ 個しかないことになります．これを自由度と呼びます．標本から分散を計算するときには，データ数 n ではなく自由度 $n-1$ で割った方が母分散の値に近くなる傾向があることを示すことができます[*4]．

一般に自由度は，データ数から目的の統計量を計算する際に必要な制約条件の数を引いたものになります．第 7 回の回帰分析における標準誤差の場合は，回帰直線の切片と傾きという 2 つの制約から自由度が $n-2$ となっていました．

[*4] n 個の標本を無作為に抽出するという操作を何度も行ったときに，不偏分散の平均値が母分散に一致することを議論します．

演習 8.1

1から6の目を持つ立方体のサイコロを振ることを考えましょう．サイコロは無限回振ることができるので，サイコロを n 回振った時の出目からそのサイコロの出目の性質を調べることは，n 個のデータからなる標本から母集団について推定する問題になります．

もしサイコロに偏りがなければ，出目の母平均，母分散は次のようになります．

$$（母平均）= \frac{1}{6}\sum_{i=1}^{6} i = \frac{7}{2} = 3.5$$

$$（母分散）= \frac{1}{6}\sum_{i=1}^{6}\left(i - \frac{7}{2}\right)^2 = \frac{35}{6} = 2.91666\ldots$$

(i) 疑似乱数を用いて，サイコロを何度も振るシミュレーションをExcel上で行って下さい．RANDBETWEEN(1,6)という関数で1から6のどれかが等確率で発生します．オートフィルで，10回，100回，1,000回，10,000回，……とサイコロを振って下さい．

(ii) 各目の数をCOUNTIFS(範囲, 目)で数え，表にまとめて下さい．

(iii) 各目の出る確率を計算して下さい．振る回数を増やすと $1/6 = 0.1666\ldots$ に近づくでしょうか．

(iv) 出目の平均値, 不偏分散を計算して下さい．不偏分散はVAR.S(範囲)で計算できます[*5]．以前使ったVAR.P()は与えられたデータが母集団である場合の分散を求める関数なので，割る数が異なります．サイコロを振った回数と標本平均, 不偏分散を, 母平均, 母分散と比較して下さい．

[*5] 本書では扱いませんが，不偏標準偏差を計算する関数はSTDEV.S()です．

サイコロ	出目	回数	確率
1	1	3	0.3
6	2	1	0.1
4	3	1	0.1
1	4	2	0.2
3	5	2	0.2
2	6	1	0.1
1	合計	10	1
4			
5	標本平均	3.2	
5	不偏分散	3.511111	

　RANDBETWEEN()で発生させた値は，シートの編集を行う度に再計算が行われ，違う値に変わります．一度乱数を発生した後，その結果を「コピー→右クリック→形式を選択して貼り付け→値」として値を固定して下さい．逆に何度も試行をしたい場合は，RANDBETWEEN()がセルに入力された状態で F9 キーを押すと再計算ができます．

8.3　区間推定と信頼区間

　推測統計の目的の 1 つは，標本のデータから母集団について知ることです．標本のデータ数を増やせば，その標本平均や不偏分散はより母平均・母分散に近づいていくので，推定の精度を良くすることができます．しかし，実際にはデータ数をあまり増やせない場合も多いでしょう．データ数が少ない場合でも，母数をある程度の精度で推定することはできないでしょうか．標本を一つとると，標本平均や不偏分散を計算することはできます．これらの代表値は母集団全体から計算しているわけではないので，どうしても実際の値からはズレが生じます．しかもそのズレの大きさは，データ数が少ない場合には顕著に，標本をとるたびに大きく変わってきます．

　このような問題意識から，イギリスのギネスビール社に勤めていた William Sealy Gosset は「何度も標本をとったとき，標本平均と母平均のズレはどのように分布するか？」という問題に取り組みました．Gosset はあまりデータを多くとれない状況で商品のビールの品質管理をするためにはどうすればよいかを研究し，1908 年に "The probable error of a mean" という論文で次の結果を発

表しました.

> **定理**
>
> 平均が μ で正規分布している母集団から,データ数 n の標本を何度も抽出することを考える.標本平均を $\bar{x}$,不偏分散を u^2 とすると,値 $\sqrt{\dfrac{n}{u^2}}(\bar{x} - \mu)$ の分布は自由度 $n-1$ の t 分布になる.

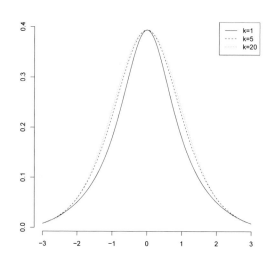

t 分布.k は自由度を表す.

t 分布を表しているのが上図です.自由度によって山の高さや裾野の広がりが変わりますが,いずれにしても 0 を中心とした左右対称な分布です.定理から,標本平均と母平均のズレ $\bar{x} - \mu$ は 0 付近にある確率が高く,正の方向にズレるか負の方向にズレるかは等確率であることがわかります.

自由度 $n-1$ の t 分布において,区間 $[-t, t]$ の範囲に値が入る確率が α (100α%) であったとしましょう.このような t の値は,Excel では次の関数で

簡単に求めることができます．

$$\text{T.INV.2T}(1-\alpha,\ n-1)$$

これをさきほどの定理にあてはめれば，データ数 n の標本をとったとき，次の不等式が成り立つ確率が α ということになります．

$$-t \leqq \sqrt{\frac{n}{u^2}}(\bar{x} - \mu) \leqq t$$

簡単な式変形により，次の不等式が成り立つ確率が α であるという結果が得られます．

$$\bar{x} - \sqrt{\frac{u^2}{n}}t \leqq \mu \leqq \bar{x} + \sqrt{\frac{u^2}{n}}t$$

つまり，データ数 n の標本をとって，標本平均 $\bar{x}$ と不偏分散 u^2 を計算すれば，母平均 μ が区間 $\left[\bar{x} - \sqrt{\frac{u^2}{n}}t, \bar{x} + \sqrt{\frac{u^2}{n}}t\right]$ に確率 α で入ることが言えます．

このように，推定したい値がある確率で入るような区間を求めることを区間推定といいます．注意したいのは，区間推定は必ず当たるわけではないということです．もちろん，区間の幅を無限大とすれば必ず当たる推定ができますが，それでは意味がありません．そこで，信頼区間と呼ばれる，必ず当たるわけではないけれどもそれなりに高い確率で正しく，かつなるべく幅が小さな区間を用いて推定します．例えば，「95% 信頼区間」と言えば，無作為に標本を選ぶ試行を何度も行ったとき，そのうちの 95% では区間内に母平均が入ることを意味します．この 95% という確率のことを信頼水準といいます．

母平均の 95% 信頼区間を Excel で求める手順をまとめると次のようになります．

1. 標本平均と不偏分散を AVERAGE() と VAR.S() でそれぞれ求める．
2. $\sqrt{\frac{u^2}{n}}t$ の値を次の式で計算する（ここでは $\alpha = 0.95$）．

    SQRT(不偏分散/データ数)*T.INV.2T(1-α, データ数-1)

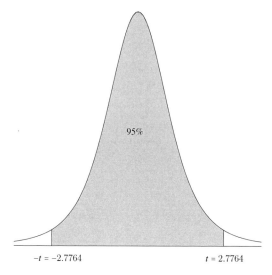

自由度 4 の t 分布の 95% 区間.

3. 2. で求めた値を標本平均から引いた値，加えた値をそれぞれ計算する．これが 95% 信頼区間の下端と上端になり，この間に 95% の確率で母平均が入る．

　信頼水準の値は，説明した 95% の他にも 99% ($\alpha = 0.99$) や 90% ($\alpha = 0.9$) がよく用いられます．これらの値は，推定の精度がどれぐらい必要かに応じて適切に設定する必要があります．信頼水準を高くすれば推定が当たる確率は上がりますが，信頼区間の幅も広くなって，推定の精度は悪くなってしまいます．

演習 8.2

　演習 8.1 で作成したシートに，母平均の 95% 信頼区間，99% 信頼区間を追加して下さい．また，求めた信頼区間の中に母平均が入るかどうかを検証して下さい．

8.3 区間推定と信頼区間

出目	回数	確率
1	3	0.3
2	1	0.1
3	1	0.1
4	2	0.2
5	2	0.2
6	1	0.1
合計	10	1

標本平均	3.2	
不偏分散	3.511111	
$\sqrt{(u^2/n)}$	0.592546	
95%のt	2.262157	
99%のt	3.169273	
95%信頼区間	1.859567	4.540433
99%信頼区間	1.322059	5.077941

第 9 回　仮説検定

第 9 回から第 11 回までの 3 回は仮説検定について学びます．

≫ 第 9 回の目標

- 仮説検定の考え方を理解する．
- クロス集計表を作れるようになる．

9.1　仮説検定

何かの調査をするときには，まず目的が先にあります．つまり，何か主張したい仮説があって，仮説が正しいことを実証するために調査をします．仮説検定とは，調査の結果から仮説が正しいかどうかを統計的に確認する手法です．仮説検定では専門的な用語がたくさん出てきますが，あまりこれらに惑わされずに「考え方」の部分をしっかり理解して下さい．

検定には，χ^2（カイ二乗）検定，t 検定など，いくつかの種類があります．

- χ^2 検定：母分散に差があるかどうかを検証する．
- t 検定：母平均に差があるかどうかを検証する．

これらの検定は，母集団の分布に関する仮定や様々な条件に応じて使い分けます．本書では，χ^2 検定と t 検定についての解説を行います．

第 9 回では準備として，検定の基本的な考え方とクロス集計表の作成について説明します．

≫ 問題設定　自社で販売しているある商品の満足度を調べるために，アンケートを行いました．以下がその結果の抜粋です．

78   第 9 回　仮説検定

番号	性別	判断
1	男	好き
2	男	好き
3	女	嫌い
4	男	好き
5	女	好き
⋮	⋮	⋮
48	女	嫌い
49	女	好き
50	男	好き

　全体を眺めると，傾向として男性は「好き」という人が多く，女性はそうでもないように思われます．しかし，それはアンケート対象となった50人に偶然生じた偏りによるもので，普通に起こりえるのかもしれません．そこで，このアンケート結果から，アンケート対象者に限らず商品の購買層という母集団においても「男性と女性ではこの商品の好みに差がある」と主張してよいかどうかを問題にしましょう．

9.2　帰無仮説と対立仮説

　検定を行う際には，まず主張したいことに応じた2つの仮説を立てます．

- 帰無仮説：棄却させたい仮説．
- 対立仮説：本来主張したい仮説．

アンケート調査を行う際には，この2つの仮説が統計的に検証できるようにアンケートを設計する必要があります．
　ここで主張したいのは「男性と女性で差がある」ことなので，2つの仮説は次のように立てればよいでしょう．

- 帰無仮説：男性と女性では差がない．
- 対立仮説：男性と女性では差がある．

もし帰無仮説の「差がない」が棄却されれば，対立仮説の「差がある」が採択されます．つまり，主張の正しいことが統計的に裏付けられます．もし母集団において「差がない」のであれば，標本におけるアンケートの結果は確率的にめったに起こらないことのはずです．逆に，もし帰無仮説が棄却できない時，「差があるとまでは言えない」という結論になります．

このように，

主張したいことの反対のことを否定することで
主張したいことを肯定する

という二重否定の論理が仮説検定の骨子となります．

9.3 有意水準

「めったに起こらない」ことの基準点は，目的によって個々に定めることになりますが，仮説検定では 5% や 1% の確率の事象を「めったに起こらない」と判断することが一般的です．この値を有意水準といいます．有意水準のことを危険率という場合もあります．

第 8 回の信頼区間と同じく，確率的な手法なので絶対ということではなく，帰無仮説が正しいにも関わらず棄却してしまう可能性があります．有意水準を下げれば（厳しくすれば）棄却する可能性が下がりますので，間違った対立仮説を採択する危険性が下がります．同時にそれは何も主張できない可能性が上がることを意味します．逆に有意水準を上げれば（緩くすれば），帰無仮説を棄却する可能性が上がり，対立仮説を採択できる可能性が上がりますが，誤った対立仮説を採択してしまう可能性も上がります．

9.4 検定の手順

ここまでのことをまとめると，次のようになります．

1. 主張したいことを対立仮説として立て，これを否定する帰無仮説を考える．

2. データから統計量を計算し，その統計量が有意水準によって決まる**棄却域**（もしくは**危険域**ともいう）に入るかどうかを検証する．
3. 棄却域に入っていれば，帰無仮説を棄却し，対立仮説を採択する（主張が正しいとする）．

それでは，実際にアンケート結果を検定してみましょう．まず準備として，度数分布表を作ったときのように，アンケート結果を集計して表にまとめる作業が必要になります．この表をクロス集計表と言います．

> **演習 9.1**
>
> サポートページ から data09.xlsx をダウンロードして下さい．このファイルはアンケート結果のデータです．データを集計して，次のような表を作成して下さい．
>
> | | 男 | 女 | 計 |
> |---|---|---|---|
> | 好き | | | |
> | 嫌い | | | |
> | 計 | | | |

Excel でクロス集計を行うためには，ピボットテーブルを用いるのが便利です．まず，挿入メニューから「ピボットグラフとピボットテーブル」を選択します．

下のようなウインドウが出るので，データ範囲を選択します．

9.4 検定の手順　81

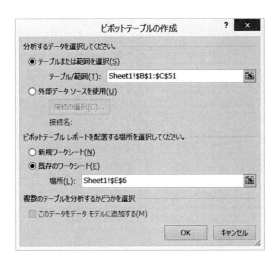

　ピボットグラフのフィールドに,「性別」と「判断」をチェックします．次に「項目」のところにある「性別」を「系列」へドラッグし,さらにチェックボックスの「判断」を「値」へドラッグします．

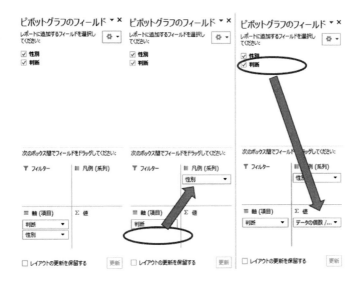

これで図と表が作成されます．表の「好き」「嫌い」の順序が違う場合は，表を右クリックして出るメニューから移動できます．

データの個数 / 判断	列ラベル		
行ラベル	男	女	総計
好き	16	13	29
嫌い	5	16	21
総計	21	29	50

| 補足 | 二重否定の論理 |

なぜ仮説検定では二重否定,つまり「帰無仮説を棄却することで対立仮説を採択する」という回りくどい論理を用いるのでしょうか.ここには,科学の考え方がよく現れています.

ある主張を肯定したいとき,科学では真正面からその主張を肯定するためには,その主張が正しいことをいうために示す必要がある条件を全て確かめなければなりません.そして,確かめるべき条件が無限個あって,全てを調べることが不可能なことも多々あります.こういう時には,主張したいこととは反対の主張を考え,それを否定することができれば,二重否定の論理により元の主張が正しいことが言えます(背理法の原理ですね).

例えば,次の命題を考えましょう.

n を自然数とするとき,$2^{2^n}+1$ は素数である.

実際,

$$2^{2^0}+1=3$$
$$2^{2^1}+1=5$$
$$2^{2^2}+1=17$$
$$2^{2^3}+1=257$$
$$2^{2^4}+1=65537$$

と,$n=0,1,2,3,4$ では確かに素数になります.しかし,これらだけでは命題が正しいとは言えません.なぜならば,全ての n について正しいかどうかは検証できていないからです.このように,直接命題に挑んでも正しいという決定的な証拠を掴むことはなかなかできないのです.

例えば,$n=5$ とすると

$$2^{2^5}+1=4294967297=641\times 6700417$$

と合成数になり，命題は正しくないことがわかります[*6]．このように，否定のための反例は一つで十分なので，命題の否定は肯定よりも簡単なのです．

　同様に，対立仮説を肯定したいときに，それを直接肯定するために決定打に至らない証拠をたくさん揃えるよりも，反対の帰無仮説を否定する方が簡単で確実です．これが仮説検定の方法の回りくどさの理由です．直接的でないことは混乱を引き起こす原因となっていますが，代償として確固たる主張を手にすることができるのです．

　また，帰無仮説が棄却されなかったときに，これをもって「帰無仮説が肯定された」と言うことはできません．なぜならば，「帰無仮説が正しければこうなるはず」という条件の1つが確かめられただけでは，帰無仮説を肯定するには不十分だからです．したがって，帰無仮説が棄却できなかったときには，「棄却できなかった」という以上のことは何も言えないということになります．

[*6] $2^{2^n}+1$ は Fermat 数と呼ばれ，17世紀フランスの数学者である Pierre de Fermat が素数生成公式として提案したものです．実際に $n=4$ までは素数なので早合点したのでしょうが，$n=5$ では合成数になることが18世紀スイスの数学者である Leonhard Euler によって示されました．現在では $n \geq 5$ では全て合成数になると予想されていますが，未だに証明はされていない未解決問題です．

第 10 回

χ^2 検定

第 9 回で検定の仕組みは一通り説明したので，第 10 回は実践してみましょう．

>>> 第 10 回の目標

- χ^2 検定による独立性検定，適合度検定ができる．
- 有意水準の意味を理解する．

10.1 分散に関する検定

χ^2 検定は次のような目的で用いられます．

独立性検定：2 つの変数に対する 2 つの観察結果が互いに独立かどうかの検証

適合度検定：標本のデータの分布が母集団の分布と同じかどうかの検証

>>> 独立性検定の例　第 9 回の問題のように，アンケートの結果から商品満足度に男女で差があるかどうか検証する，などです．

>>> 適合度検定の例　日本人の ABO 式血液型の比率は A : O : B : AB = 4 : 3 : 2 : 1 であると言われています．ここでそれぞれの血液型の人数がわかったとするとき，この比率の正しさを検証する，などです．

>>> χ^2 検定の仕組み　χ^2 検定では，帰無仮説が成り立つという前提の下で χ^2 分布と呼ばれる分布に従う χ^2 値という統計量をデータから計算し，その値が棄却域に入っているかどうかを検討します．ここで，自由度 n の χ^2 分布とは，標準正規分布（平均 0，分散 1 の正規分布）の母集団から n 個の標本

$x_1, x_2, \ldots, x_n$ を取るとき，これらの二乗の総和の値を表す分布のことを指します．

$$\sum_{i=1}^{n} x_i^2$$

図のように，二乗していることから 0 以上に分布し，また正規分布する値（平均 0 より大きく離れた値はあまりない）の二乗であることから，極端に大きな値は出現しない分布になっています．

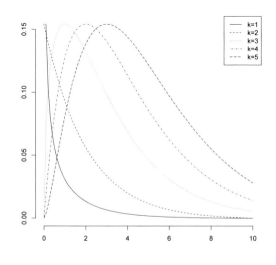

χ^2 分布．k は自由度を表す．

>>> χ^2 検定の手順

1. クロス集計表（独立性検定の場合）・度数分布表（適合度検定の場合）を作成する．
2. 帰無仮説と対立仮説を立てる．
3. χ^2 値を計算する．
4. 有意水準を決める．
5. 自由度を確認する．
6. χ^2 分布表の値と χ^2 値を比較する．

7. 帰無仮説を検討する.

10.2 独立性検定

演習 10.1

第 9 回のアンケートの例で，自社で販売している商品の満足度について，男性と女性で差があるかどうかを検定して下さい．

番号	性別	判断
1	男	好き
2	男	好き
3	女	嫌い
4	男	好き
5	女	好き
⋮	⋮	⋮
48	女	嫌い
49	女	好き
50	男	好き

1. クロス集計表を作る

演習 9.1 で作成したものと同様ですが，この後の計算のために，ピボットテーブルの値を別の場所にコピーしておきます（第 8 回と同じ）．これは，ピボットテーブルのままだと，相対参照がうまく働かないためです．

2. 帰無仮説と対立仮説を立てる

9.2 節で説明したように仮説を設定します．

- 帰無仮説：男性と女性では差がない．
- 対立仮説：男性と女性では差がある．

3. χ^2 値を計算する

χ^2 値とは，検証したいデータがどれぐらい帰無仮説からズレているかを表す尺度です．χ^2 値が大きければ大きいほど，帰無仮説は正しくない，すなわち主張したかった対立仮説が正しい可能性が高いということになります．

演習 9.1 から，クロス集計表は次のようになります．

	男	女	計
好き	16	13	29
嫌い	5	16	21
計	21	29	50

以下ではこれらの数値を，実際に観測された度数という意味で観測度数と呼ぶことにします．これに対し，帰無仮説の通り男性・女性に好みの差がないときに得られるはずの度数を期待度数と呼ぶことにし，この値を計算します．表の一番右の列を見ると，男性・女性を合計した好きと嫌いの比率は 29:21 ですが，もし男性・女性に好みの差がなければ，男性・女性それぞれの好きと嫌いの比率も 29:21 になるはずです．そこで，男性・女性それぞれの合計人数をこの比率で好き・嫌いに分ける計算をすれば，これが期待度数になります．

	男	女	計
好き	$21 \times \frac{29}{50}$	$29 \times \frac{29}{50}$	29
嫌い	$21 \times \frac{21}{50}$	$29 \times \frac{21}{50}$	21
計	21	29	50

観測度数と期待度数が求まったら，χ^2 値を次の式で計算します．

$$\sum \frac{\bigl((観測度数) - (期待度数)\bigr)^2}{(期待度数)}$$

ここでは，次の 4 つの項目の和により計算します．

$$\bigl\{ (男，好き), (男，嫌い), (女，好き), (女，嫌い) \bigr\}$$

もし検証したいデータが帰無仮説を裏付ける理想的な標本であれば，観測度数と期待度数は一致するはずで，この χ^2 値は 0 になります．実際にはそのよ

うなことは少なく，帰無仮説が正しかったとしても χ^2 分布に従ってある程度 0 からズレます．一方，帰無仮説が間違っている（＝対立仮説が正しい）ときは，観測度数と期待度数のズレは通常の誤差の範囲よりもずっと大きくなるので，χ^2 分布上ではめったに生じないような値となります．

4. 有意水準を決める

「めったに生じない」と判断する基準を定めます．有意水準は，一般的に 1%, 5%, 10% とします．

5. 自由度を確認する

クロス集計表が m 行 n 列 ($m \times n$) のときの自由度は $(m-1) \times (n-1)$ となります．ここでは 2×2 なので，自由度は 1 となります．

6. χ^2 分布の値と χ^2 値を比較

自由度 1 の χ^2 分布の有意水準の境界値を計算し，χ^2 値とこの値を比較します．Excel では境界値を次の関数で計算できます．

- CHISQ.INV.RT(有意水準，自由度)

ここでは，次のように求まります（有意水準 5% の場合）．

- χ^2 値：4.9181...
- 有意水準 5% の境界値：3.8414...

観測度数	男	女	総計
好き	16	13	29
嫌い	5	16	21
総計	21	29	50

期待度数	男	女	総計
好き	12.18	16.82	29
嫌い	8.82	12.18	21
総計	21	29	50

(観測度数−期待度数)^2/期待度数	男	女
好き	1.198062397	0.867562426
嫌い	1.65446712	1.198062397
カイ二乗値	4.918154341	
有意水準5%の境界値	3.841458821	

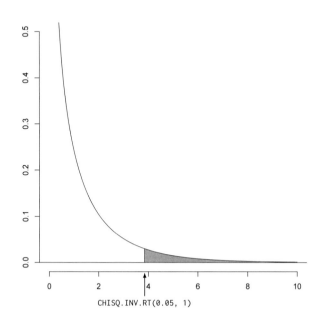

　上図は自由度 1 の χ^2 分布です．灰色に塗った部分で全体の 5% になります（棄却域）．

7. 帰無仮説の検討

　検定の有意水準と結果を表すときには，「有意水準 5% で帰無仮説を棄却する」「有意水準 5% で帰無仮説を棄却できない」などの表現をよく用います．ここでは，χ^2 値 (4.9181) > 境界値 (3.8414) なので，「有意水準 5% で帰無仮説を棄却する」ことになります．つまり，対立仮説が採択され，有意水準 5% で「男性と女性では差がある」と言えます．

10.3 適合度検定

演習 10.2

第 8 回で行ったサイコロの例で,「Excel のサイコロは歪んでいるのではないか」と疑い, 検定して下さい.

1. 度数分布表を作る

　適当な回数サイコロを振って (RANDBETWEEN(1, 6) を使います), 出目の度数分布表を作ります.

　COUNTIFS() を使うこともできますが, 第 9 回で用いたピボットテーブルで集計することもできます. ただし, デフォルトでは「値」が「合計」になってしまうので,「値フィールドの設定」から「データの個数」に変更する必要があります.

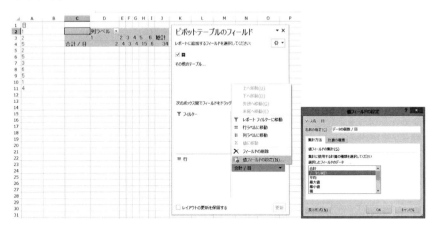

2. 帰無仮説と対立仮説を立てる
    - 帰無仮説：Excel のサイコロは歪んでいない
    - 対立仮説：Excel のサイコロは歪んでいる

3. χ^2 値を計算する

まずは期待度数を計算します．正しい仮説設定ができていれば，各出目の期待度数は

$$(サイコロを振った回数) \div 6$$

となるはずです．このときの χ^2 値は次のようになります．

$$\sum_{i=1}^{6} \frac{\bigl((出目\,i\,の観測度数) - (出目\,i\,の期待度数)\bigr)^2}{(出目\,i\,の期待度数)}$$

4. 有意水準を決める

有意水準は，一般的に $1\%, 5\%, 10\%$ とします．

5. 自由度を確認する

自由度は (項目数) -1 です．つまり，ここでは $6-1=5$ になります．

6. χ^2 分布の値と χ^2 値を比較

自由度 5 の χ^2 分布の有意水準の境界値を計算し，χ^2 値とこの値を比較します．Excel では境界値を次の関数で計算できます．

- CHISQ.INV.RT(有意水準, 自由度)

観測度数		1	2	3	4	5	6	総計
データの個数 / 目		2	2	1	1	3	1	10
期待度数		1	2	3	4	5	6	総計
データの個数 / 目		1.66666667	1.66666667	1.66666667	1.66666667	1.66666667	1.66666667	10
(観測度数−期待度数)^2/期待度数		1	2	3	4	5	6	
		0.06666667	0.06666667	0.26666667	0.26666667	1.06666667	0.26666667	
カイ二乗値	2							
有意水準5%の境界値	11.0704977							

疑似乱数なので結果は毎回変わりますが，例えば上図の場合は次のように求まっています．

- χ^2 値：2
- 有意水準 5% の境界値：11.070...

7. 帰無仮説の検討

この場合は，χ^2 値 (2) < 境界値 (11.070) なので，「有意水準 5% で帰無仮説を棄却できない」ことになります．つまり，有意水準 5% では「Excel のサイコロは歪んでいる」とまでは言えません．

出目と有意水準次第では誤った結論が出ることもあります．

- 帰無仮説が正しいのに，それを棄却してしまうことを第 1 種の誤りといいます．
- 帰無仮説が間違っているのに，それを棄却しないことを第 2 種の誤りといいます．

第 1 種の誤りは対立仮説を誤って積極的に支持することを，また第 2 種の誤りは対立仮説を支持できるはずなのに見逃すことを意味します．有意水準を低く（基準を厳しく）すれば，第 1 種の誤りは防げますが第 2 種の誤りをする確率が上がりますし，逆もまた然りです．誤った結論を出してしまったときにどの程度の損害が生じるかに応じて有意水準は設定されるべきです．

> **補足** p 値を用いた検定

本書では χ^2 値が棄却域に入るかどうかで検定をする方法を説明しました．しかし，文献によっては p 値という値と有意水準とを比較することで検定をしていることがあります．どちらもやっていることは同じですが，初めて p 値を使う検定を目にしたときに戸惑わずに済むように，ここで簡単に説明しておきます．

p 値は，帰無仮説が正しいという仮定の下で，得られた観測結果よりも帰無仮説からのズレが大きい結果が観測される確率を表します．つまり，下図の灰色の部分の面積が p 値です．

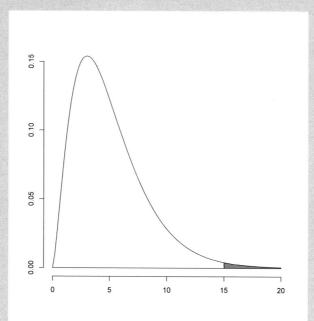

自由度 5 の χ^2 検定において，χ^2 値が 15 の結果が観測された場合，p 値は図の灰色の部分の面積 (0.0104) となる．したがって，有意水準が 5% ならば帰無仮説を棄却する，1% ならば帰無仮説を棄却できない，となる．

図からわかるように，χ^2 値が大きくなるほど p 値は小さくなり，有意

水準を α とするとき，$p<\alpha$ ならば帰無仮説は棄却されるということになります．

　Excel には p 値を計算するための関数も用意されています．引数の指定方法について，詳しくは「関数の挿入」画面の説明を読んで下さい．

- CHISQ.TEST(観測度数，期待度数)：χ^2 検定の p 値を計算します．
- T.TEST(標本 1，標本 2，検定の指定，検定の種類)：t 検定の p 値を計算します．

このように，p 値は統計処理ソフトを使う場合はあらかじめ用意された関数にデータを与えるだけで計算できるようになっています．検定に用いる分布の値を直接扱わずに，有意水準の値と比較するだけで済むのでわかりやすく，近年よく用いられる手法となっています．

第 11 回　t 検定

t 検定は，t 分布を用いて，一般的には 2 つの標本の平均に有意差があるかどうかを検証します．例えば，ある開発中の薬に効果があるかどうかを調べたいとすれば，被験者の集団を 2 つに分けて，一方には開発中の薬を，もう一方には効果のない偽薬を飲ませ，何らかのスコアを計測して平均に有意な差が出るかどうかを調べます．

>>> 第 11 回の目標

- 区間推定と仮説検定の関係を理解する．
- t 検定による母平均の差の検定ができる．

11.1　区間推定と仮説検定

区間推定の復習も兼ねて，1 つの標本についての検定を説明します．

演習 11.1

サイコロを 10 回投げたところ，

$$1, 1, 2, 1, 1, 3, 2, 4, 6, 1$$

と出ました．

(i) 出目の母平均の 95% 信頼区間を求め，その区間に 3.5 が入るかどうかを検証して下さい．

(ii) 出目の母平均を考えることで，サイコロが立方体であるかどうかを有意水準 5% で検定して下さい．

(i) は第 8 回の復習です．出目の標本平均を $\bar{x}$，不偏分散を u^2，母平均を μ とするとき，次の不等式が 95% の確率で成り立つような t を自由度 9 の t 分布から求めることができます（T.INV.2T(0.05, 9)）．

$$-t \leqq \sqrt{\frac{10}{u^2}}(\bar{x} - \mu) \leqq t$$

よって，式変形により母平均 μ の 95% 信頼区間は次のようになることがわかります．

$$\bar{x} - \sqrt{\frac{u^2}{10}}t \leqq \mu \leqq \bar{x} + \sqrt{\frac{u^2}{10}}t$$

(ii) については，帰無仮説と対立仮説を次のように立ててみましょう．

- 帰無仮説：サイコロは立方体である（$\mu = 3.5$）．
- 対立仮説：サイコロは立方体でない（$\mu \neq 3.5$）．

もし帰無仮説が正しければ，(i) の不等式が 95% の確率で成り立ちます．一方，有意水準 5% の t 検定では，t 値 $\sqrt{\frac{10}{u^2}}(\bar{x} - \mu)$ が (i) の不等式を満たさなければ帰無仮説を棄却します．これは，$\mu = 3.5$ が 95% 信頼区間に入らないことと同値です．この問題でわかるように，区間推定と仮説検定は表裏の関係にあります．

出目	回数	
1	5	
2	2	
3	1	
4	1	
5	0	
6	1	
合計	10	
標本平均	2.2	
不偏分散	2.84444444	
√(u^2/n)	0.53333333	
95%の t	2.26215716	
95%信頼区間	0.99351618	3.40648382
t 値	-2.4375	

11.2 母平均の差の検定

1つの標本についての検定を応用すれば,「対応がある2つの標本に対する母平均の差の検定」ができます.

> **演習 11.2**
>
> サポートページ から data11.xlsx をダウンロードして下さい.
>
> あるクラスで試験を行い,指導の後に同じ難易度の試験をもう一度行いました.以下の表がその結果です.
>
> | 番号 | 指導前 | 指導後 |
> |---|---|---|
> | 1 | 66 | 75 |
> | 2 | 43 | 46 |
> | 3 | 75 | 72 |
> | 4 | 83 | 78 |
> | 5 | 55 | 60 |
> | ⋮ | ⋮ | ⋮ |
> | 20 | 72 | 74 |
>
> 試験の結果において,指導による効果があるかどうかを検定して下さい.

1. 帰無仮説と対立仮説を立てる

   主張したいことは指導に効果があることです.

   - 帰無仮説:指導による効果がない(指導前と指導後の点数の平均には差がない).
   - 対立仮説:指導による効果がある(指導前と指導後の点数の平均には差がある).

   指導前の母平均を μ_0,指導後の母平均を μ_1 とすると,帰無仮説は $\mu_0 = \mu_1$ となります.ここでは指導前と指導後で試験を受ける人は同じで,2つの標本

に対応があるので,「2つの標本の差」を1つの標本とみなし,その平均が0であるかどうかを検定します.これは $\mu_1 - \mu_0 = 0$ かどうかを検定するのと同じことです.

2. t 値を計算

各人の点数の差「(指導後の点) − (指導前の点)」を計算し,その標本平均と不偏分散を求めます.このとき,t 値を次の式で計算します.

$$\sqrt{\frac{(データ数)}{(差の不偏分散)}} \times (差の標本平均)$$

3. 有意水準を決める

有意水準は一般的に 1%,5%,10% とします.

4. 自由度を確認する

自由度は (データ数) − 1 です.つまり,ここでは 20 − 1 = 19 になります.

5. t 分布の境界値と t 値を比較

t 値が定めた有意水準の棄却域に入るかどうかを検証します.境界値を求めるには,次の関数を用います.

- T.INV.2T(有意水準,自由度):t 分布の境界値を計算します.

この関数により,次図の t 分布で境界値の正の側の値が求まります.t 分布は左右対称なので,負の方の境界値は単純に −1 倍したものになります.

11.2 母平均の差の検定　101

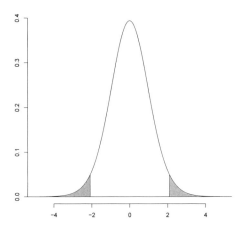

ここでは，次のように求まります（有意水準 5% の場合）．

- t 値：2.1047...
- 有意水準 5% の境界値：2.0930...

番号	指導前	指導後	（指導後）−（指導前）
1	66	75	9
2	43	46	3
3	75	72	−3
4	83	78	−5
5	55	60	5
6	65	80	15
7	62	88	26
8	74	76	2
9	90	88	−2
10	74	75	1
11	65	55	−10
12	72	77	5
13	84	87	3
14	72	74	2
15	85	90	5
16	63	65	2
17	72	75	3
18	88	90	2
19	81	85	4
20	72	74	2
		標本平均：	3.45
		不偏分散：	53.73421053
		t値：	2.104789442
	有意水準5%の境界値：		2.093024054

6. 帰無仮説の検討

　t 値 (2.1047) > 境界値 (2.0930) なので，「有意水準 5% で帰無仮説を棄却する」ことになります．つまり，対立仮説が採択され，有意水準 5% で「指導による効果がある」と言えます．

補足　分析ツール

　ここまで，Excel の関数を使って進めてきました．Excel には分析ツールと呼ばれるものがあり，これを使えば各種分析を簡単に実行することができます．ただし，デフォルトでは無効なので，有効にする必要があります．

　まず，「ファイル」メニューから「オプション」を選んで，「アドイン」の画面の一番下にある「設定」ボタンを押します．

どのアドインを有効にするかの選択画面が出るので，「分析ツール」にチェックを入れて OK を押します．

104　第 11 回　t 検定

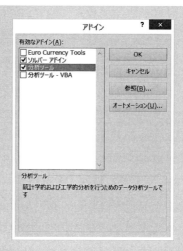

これで,「データ」メニューに「データ分析」が追加され，ここから各種分析が実行できます．

ただし，1 つ実行するだけで色々な情報が一気に表示されるので，分析の内容をしっかり理解していなければ使いこなすのは難しいと思います．

第4部
総合演習

第 12 回 演習：記述統計

演習 12.1（データの集計と可視化）

インターネットから入手できる統計データを選び，次のうち 2 つ以上の図表を作成して下さい．

- 度数分布表
- ヒストグラム
- 円グラフ
- 折れ線グラフ

演習 12.2（代表値）

インターネットから入手できる統計データをいくつか選び，その代表値を計算し，考察のうえ簡単なレポートにまとめて下さい．

例えば，次の Web ページには様々な統計データがあります．

- 総務省統計局：http://www.stat.go.jp/

これ以外にも，「統計データ」などで検索すると大量の Web ページが調べられます．

演習 12.3（箱ひげ図）

適当な企業 3 社の株価（日足）について，それぞれ箱ひげ図を作成して下さい．第 5 回で説明したように Excel には箱ひげ図を作成する機能がないので，サポートページ にある data12.xlsx を利用して下さい．

株価のデータは，例えば，次の Web ページから取得できます．

- Yahoo ファイナンス：http://finance.yahoo.co.jp/

演習 12.4（相関係数）

5 通貨の為替データを選んで，それぞれの 2 通貨間の相関係数を求め，考察して下さい．

為替データは，例えば，次の Web ページから取得できます．

- みずほ銀行ヒストリカルデータ：
  https://www.mizuhobank.co.jp/rate/market/historical.html

演習 12.5（相関係数）

相関関係のありそうな 2 つのデータを収集し，相関係数を求めてレポートとしてまとめて下さい．

第 13 回　演習：推測統計

演習 13.1（回帰分析）

　適当な企業 3 社の株価と日経平均株価について，回帰分析をして下さい．その際，x を日経平均株価，y を選んだ企業の株価とします．そのうえで，結果について考察して下さい．

　株価のデータは，例えば，次の Web ページから取得できます．

- Yahoo ファイナンス：http://finance.yahoo.co.jp/

ヒント：日経平均株価と相関の高い銘柄，低い銘柄など，違いの出そうな銘柄で比較すると考察しやすいでしょう．

演習 13.2（回帰分析）

　日本銀行の時系列統計データからいくつかを選んで回帰分析をして下さい．

　　　http://www.stat-search.boj.or.jp/

演習 13.3（適合度検定）

　演習 10.2 では Excel の疑似乱数の偏りを検定しましたが，これを実物のサイコロでデータをとり，検定して下さい．

演習 13.4（適合度検定）

日本人の ABO 式血液型の比率は A : O : B : AB = 4 : 3 : 2 : 1 であると言われています．周りの人の血液型のデータを収集し，検証して下さい．

演習 13.5（自由課題）

自由にテーマを設定し，データを収集して分析し，レポートとしてまとめて下さい．
ヒント：基本統計量，グラフ，回帰分析，仮説検定

補足　統計処理ソフトウェア R

本書では Excel を用いたデータ分析手法を解説してきました．Excel をはじめとした表計算ソフトウェアは最初から利用可能なように設定されているコンピュータが多く，操作が直感的でわかりやすいため，データ分析の入門には手頃です．しかし，本格的なデータ分析に利用する場合，次のような問題があります．

- Excel の関数として用意されていない凝った計算をしようとすると，参照が複雑に絡み合い，式が間違っていることがわかったときに修正が困難となる（「名前の定義」という機能はあるが，いちいちセルに名前をつけていくのは面倒）．
- 多数のデータセットがあって，それら全てについて同一の処理を実行しようとすると，同じ操作を何度も繰り返す必要がある．

こうした問題点は，プログラミングの導入によって解決することができます．Excel にもマクロを記述するためのプログラミング言語として Visual Basic for Applications (VBA) というものが用意されてはいますが，せっかくプログラミングをするのならばより本格的な統計処理ソフトウェアを利用することをおすすめします．

統計処理ソフトウェアには様々なものがあり，商用のものでは SAS, SPSS, Stata などがあります．もちろんこれらを使うにはお金がかかります（学生向けライセンスもあります）．こうした商用のものにも引けを取らない無料のソフトウェアとして，R が有名です．公式 Web サイトは

```
http://www.r-project.org/
```

にあります．

第 13 回 演習：推測統計

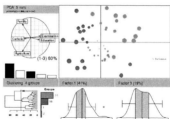

　R はオープンソースソフトウェアとして多くの人によって開発が進められています．さらに，開発チーム以外の人からも機能拡張のためのパッケージが投稿され，それらは CRAN と呼ばれるサイトに集められ，誰でも利用可能となっています．商用のものと比べると GUI が弱いため，初めての人にはとっつきづらいという欠点がありますが，統計処理に特化した強力なプログラミング言語は魅力的です．解説書や Web 上の解説ページも多数ありますので，興味のある方は挑戦してみてはいかがでしょうか．

索　引

A
AVERAGE()　33

C
CHISQ.INV.RT()　89
CHISQ.TEST()　95
CORREL()　55
COUNTIFS()　17, 27
CSV 形式　30

E
Excel　5

F
FORECAST()　65
FREQUENCY()　22

I
INTERCEPT()　62

M
MAX()　10, 16
MEDIAN()　33
MIN()　10, 16

P
PEARSON()　55
p 値　94

Q
QUARTILE.INC()　42

R
R　111
R^2　64
RANDBETWEEN()　70
RSQ()　64

S
SLOPE()　62
SQRT()　36
STDEV.P()　36
STDEV.S()　70
STEYX()　65

SUM()　10, 33

T
T.INV.2T()　73
T.TEST()　95
t 検定　77, 97
t 値　98, 100
t 分布　72

V
VAR.P()　36
VAR.S()　70

い
異常値　32
因果関係　55

え
円グラフ　25

お
オート SUM　11, 17
折れ線グラフ　28
終値　38

か
回帰直線　60
回帰分析　52, 59
　　単回帰分析　60
階級幅　16
χ^2 検定　77, 85
χ^2 値　85
確率密度関数　48
可視化　20
仮説検定　5, 77, 97
頑強　32
関数　10
観測度数　88

き
棄却域　80
危険域　80
危険率　79

113

索引

記述統計 3, 4, 15
疑似乱数 70
期待度数 88
基本統計量 31
帰無仮説 78

く

区間推定 73, 97
クロス集計表 80

け

決定係数 64

こ

五数要約 43
後場 38

さ

最小二乗法 60
最頻値 32
参照 8
散布図 51

し

式 7
四分位範囲 34, 41
四分位偏差 41
従属変数 59
自由度 69
信頼区間 73
信頼水準 73

す

推測統計 3, 5
スキャターチャート法 59

せ

正規分布 37, 47
正規方程式 61
絶対参照 8
説明変数 59
セル 6
　—の参照 8
　—番地 6
全数調査 67
前場 38

そ

相関 53

相関係数 53
相対参照 8
相対度数 17

た

第1四分位点 41
第1種の誤り 93
第3四分位点 41
大数の法則 68
第2種の誤り 93
代表値 31
対立仮説 78
高値 38
単回帰分析 60

ち

中央値 4, 31, 41
中心極限定理 49

て

定性的 31
定量的 31
適合度検定 85
出来高 39

と

独立性検定 85
独立変数 59
度数分布表 17, 27, 33

に

二重否定 79, 83

は

売買代金 39
配列 22
箱ひげ図 43
始値 38
外れ値 32
パラメータ 68
範囲 34

ひ

日足 38
引数 10
ヒストグラム 18, 33
ヒストリカル・ボラティリティ 37
被説明変数 59

ピボットテーブル	80
標準化変量	44
標準誤差	65
標準正規分布	49, 85
標準偏差	35
標本	67
標本調査	5, 26, 67
標本標準偏差	68
標本分散	68
標本平均	68

ふ

フィルハンドル	9
不偏標準偏差	68
不偏分散	68
分散	34
分析ツール	103

へ

平均絶対偏差	40
平均値	4, 31, 34
偏差	34
偏差値	44

ほ

母集団	67
母数	68
母標準偏差	68
母分散	68
母平均	68

む

無作為	5, 67

も

目的変数	59
文字列連結演算子	22

や

安値	38

ゆ

有意水準	79

ろ

ロバスト	32

わ

ワークシート	6

【著者略歴】

前田一貴（まえだ かずき）
　　理化学研究所 特別研究員
　　高崎経済大学経済学部 非常勤講師

平井裕久（ひらい ひろひさ）
　　高崎経済大学経済学部 教授

後藤晃範（ごとう あきのり）
　　大阪学院大学経営学部 准教授

Excel によるデータ分析入門
2015年3月7日発行

　著　者　前田一貴・平井裕久・後藤晃範
　発行所　学術研究出版／ブックウェイ
　　　　　〒670-0937　姫路市平野町62
　　　　　TEL.079 (222) 5372　FAX.079 (244) 1482
　　　　　https://bookway.jp
　印刷所　小野高速印刷株式会社
　　　　　©Kazuki Maeda, Hirohisa Hirai, Akinori Goto 2015.
　　　　　Printed in Japan
　　　　　ISBN978-4-86584-018-6

乱丁本・落丁本は送料小社負担でお取り換えいたします。

本書のコピー、スキャン、デジタル化等の無断複製は著作権法上での例外を除き禁じられています。本書を代行業者等の第三者に依頼してスキャンやデジタル化することは、たとえ個人や家庭内の利用でも一切認められておりません。